数学学习与训练

Shuxue Xuexi yu Xunlian

（职业模块　财经、商贸与服务类）
（第三版）

主编　丁百平

内容提要

本书是与中等职业教育课程改革国家规划新教材《数学（职业模块 财经、商贸与服务类）（第三版）》相配套的学生学习与训练用书。本书目的是使学生通过对教材内容的反思，深化对教学内容的理解；通过做练习与知识检测，理清脉络，掌握基础知识和基本技能；通过强化常用的数学方法，提高分析问题和应用数学知识的能力。

本书按照教材的章节顺序，以节为单位进行编写。各章内容包括命题逻辑与条件判断、算法与程序框图、数据表格信息处理、编制计划的原理与方法、线性规划初步。每节内容按照"帮你读书""教材疑难解惑""典型问题释疑""教材部分习题解析""技能训练与自我检测"等栏目进行编排。每章最后配有"章复习问题"和"章自我检测题"。本书习题的编选遵循培养高素质劳动者的教学目标，并适当控制难度，浅层挖掘。

按照本书最后一页"郑重声明"下方的学习卡账号使用说明，登录 http://abook.hep.com.cn/sve，可以上网学习，下载数字化资源。

本书供中等职业学校财经、商贸与服务类专业或相近专业使用。

图书在版编目（ＣＩＰ）数据

数学学习与训练:职业模块 财经、商贸与服务类/丁百平主编. --3 版. --北京:高等教育出版社，2020.8（2021.1 重印）

ISBN 978-7-04-054499-2

Ⅰ.①数… Ⅱ.①丁… Ⅲ.①数学课-中等专业学校-教学参考资料 Ⅳ.①G634.603

中国版本图书馆 CIP 数据核字（2020）第 114399 号

策划编辑	邵 勇	责任编辑	邵 勇	封面设计	张 志	版式设计 童 丹
插图绘制	于 博	责任校对	刘娟娟	责任印制	赵义民	

出版发行	高等教育出版社	网　　址	http://www.hep.edu.cn	
社　　址	北京市西城区德外大街 4 号		http://www.hep.com.cn	
邮政编码	100120	网上订购	http://www.hepmall.com.cn	
印　　刷	北京中科印刷有限公司		http://www.hepmall.com	
开　　本	787mm×1092mm　1/16		http://www.hepmall.cn	
印　　张	7.25	版　　次	2010 年 7 月第 1 版	
字　　数	170 千字		2020 年 8 月第 3 版	
购书热线	010-58581118	印　　次	2021 年 1 月第 2 次印刷	
咨询电话	400-810-0598	定　　价	24.80 元	

本书如有缺页、倒页、脱页等质量问题,请到所购图书销售部门联系调换

版权所有　侵权必究

物 料 号　54499-00

第三版前言

　　本书是与中等职业教育课程改革国家新教材《数学（职业模块　财经、商贸与服务类）（第三版）》相配套的学生用书。该书自 2010 年出版以来，在全国各地的中等职业学校得到广泛使用。我们多次实地考察使用该书的学校，召开不同规模、不同对象的使用研讨会，同时也不断收到一些教师的意见和建议。我们对所有意见进行了认真的分析和研究，并在深入学习《国家教育事业发展"十三五"规划》《教育部关于全面深化课程改革　落实立德树人根本任务的意见》《国家职业教育改革实施方案》等文件精神的基础上，完成了本次修订。

　　本次修订基本原则是"更新教育理念，提升信息技术应用水平，严格执行教学大纲，突出职业教育特点，保持教材的风格与体例，保证科学性，提升适应性"。

　　本次修订工作主要有以下几个方面：

　　1. 调整、修改、补充部分习题，提升习题的层次性。

　　2. 根据教材的调整，对应调整、修改、补充了相关习题，增强了对应性与适用性。

　　3. 优化了部分表格的排布结构，提升了可读性。

　　本书由丁百平担任主编，陈光华、余俊燕担任副主编。参加修订工作的有余俊燕、钟丛香、李耀彬、陈建忠、朱尧兴、陈光华、丁百平。

　　本书在修订过程中得到了高等教育出版社邵勇老师和黄烨老师的大力支持，在此表示衷心的感谢。

　　由于编者水平有限，书中难免存在不足之处，敬请读者提出宝贵的意见和建议。感谢全国使用本套教材的教师，感谢对本套教材的关注，欢迎提出建议和意见。意见反馈可发邮件至 zz_dzyj@ pub.hep.cn。

编　者

2020 年 3 月

修订版前言

本书是与中等职业教育课程改革国家规划新教材《数学（职业模块　财经、商贸与服务类）（修订版）》相配套的学生学习与训练用书。

本次修订的变动如下：

1. 随着教材例题和练习题的调整，相应调整了配套的《数学学习与训练》中各节的"技能训练与自我检测题"和各章自我检测题。

2. 全面修订了与教材配套的《数学学习与训练》中的一些不当之处。

参加教材修订工作的有朱尧兴、余俊燕、钟丛香、陈光华、范忻、李耀彬、陈建忠、闻达人、黄国栋、丁德英、刘榕兰、吴柱石、谢丽萍、薛淑萍、徐青、周红、郑谦、王炳炳、王燕、陈士芹、李广全、丁百平；主编为丁百平，副主编为黄国栋、余俊燕。编者对来自全国各地广大教师提供的大量宝贵意见和建议表示衷心的感谢。

高等教育出版社对本次修订给予了很大的支持。在此表示感谢。

由于编者水平所限，书中难免存在瑕疵，敬请读者提出宝贵的意见和建议。意见反馈可发邮件至 zz_dzyj@ pub.hep.cn。

编　者
2014 年 3 月

第一版前言

本书是与中等职业教育课程改革国家规划新教材《数学（职业模块 财经、商贸与服务类）》相配套的学生学习与训练用书。

本书目的是使学生通过对教材内容的反思，深化对教学内容的理解；通过做练习与知识检测，理清脉络，掌握基础知识和基本技能；通过强化常用的数学方法，提高分析问题和应用数学知识的能力。

本书按照教材的章节顺序，以节为单位进行编写。各章内容包括：命题逻辑与条件判断、算法与程序框图、数据表格信息处理、编制计划的原理与方法、线性规划初步。每节内容按照"帮你读书""教材疑难解惑""典型问题释疑""教材部分习题解析""技能训练与自我检测"等栏目进行编排。每章最后配有"章复习问题"和"章自我检测题"。本书习题的编选，以《中等职业学校数学教学大纲》的要求为依据，努力体现"以服务为宗旨，以就业为导向"的职业教育办学方针，遵循培养高素质劳动者的教学目标，控制难度，浅层挖掘。

本书封底配有学习卡，通过学习卡的明码和密码，可登录"中等职业教育教学在线"网站（http://sve.hep.com.cn），获取数学课程其他模块的教学资源及其他相关专业的教学资源。"学习卡账号使用说明"见本书最后一页。

本书由丁百平任主编。副主编为朱尧兴、余俊燕。参加本书编写的有：余俊燕、钟丛香、范忻、李耀彬、陈建忠、闻达人、浦文倜、朱尧兴、李巍立、丁百平。

高等教育出版社对本书的编写和出版给予了很大支持，王军伟、张东英、邵勇、薛春玲同志都为本书的出版付出了大量的劳动。在此一并表示感谢。

由于编者水平所限，不妥之处在所难免，敬请使用本书的广大学生和教师批评指正，提出宝贵的意见和建议。意见反馈请发至邮箱 zz_dzyj@ pub.hep.cn。

编　者

2010 年 3 月

目　录

第1章　命题逻辑与条件判断

1.1　命 题 逻 辑

【帮你读书】

1. 能唯一地判断其真假的陈述句叫做命题.

2. 与事实相符的陈述句叫做真命题,而与事实不符的陈述句叫做假命题.

3. "且""或""非"等词语在数理逻辑中叫做联结词.一个陈述句中是否含有联结词通常是区分简单命题与复合命题的标尺.

4. 祈使句、疑问句和感叹句都不能构成命题.

5. 用联结词"且""或""非"构成的复合命题的真假由构成它的简单命题的真假确定,真值表反映了它们之间的关系.

【教材疑难解惑】

1. 下列语句是否是命题? (1) 2+2=4.(2) 2 加 2 等于 4 吗?

解答　第(1)句中的数学式子表示的是陈述句:2 加 2 等于 4,它是一个命题,而且是一个真命题.第(2)句,如果有人回答:"是"并且认为是真命题,那就错了.这是因为,这一句本身是疑问句,疑问句不是命题.

2. 教材 1.1.1 中例 1 的(4)这个语句:"本页这一行的这句话是假话."为什么不是命题?

解答　这句话中含有"这句话"三个字,它的结论是对自身而言的,就是所谓"自指谓"的.这种自指谓的语句往往会产生自相矛盾的结论,即所谓的悖论.如上面这句话,如果承认它是真的,即"本页这一行的这句话是假话".由于本页这一行中没有别的话,所以必须承认它是假的;另一方面,如果承认它是假的,即"本页这一行的这句话是假话",这刚好就是这句话所说的"假设"是假的,所以又必须承认它是真的.因此这句话本身包含了悖论.我们在判断一个语句是否是命题时要把这种语句排除在命题之外.

【典型问题释疑】

问题　在学习命题逻辑时,"逻辑语言"和"自然语言"有区别吗?

分析　先来看同样是用联结词构成的两类复合命题.

一类是由联结词构成的复合命题的真假完全由构成它的简单命题的真假决定,这种联结词叫做真值联结词(逻辑语言).

例如,张三和李四都考了 90 分.若"张三考了 90 分""李四考了 90 分"都真,则原命题真,若这两个命题有一个假,则原命题假.所以"和"是个真值联结词.

另一类是由此联结词构成的复合命题的真假不完全由构成它的简单命题的真假来确定,例如:

(1) 北京大学是中国最好的大学之一,促使许多有志学子前来求学.

(2) 珠穆朗玛峰世界最高,促使许多有志学子来北京大学求学.

这两个命题都是用联结词"促使"来联结的,但前者为真,后者却为假了(自然语言).

解答　从以上的讨论中可以看出"逻辑语言"和"自然语言"的区别.在命题逻辑学习中,我们只讨论真值联结词,即复合命题的真假完全由构成它的简单命题的真假来确定.

【教材部分习题解析】

习　题　1.1

A　　组

2. 用联结词"且"和"或"联结下列所给的命题 p,q,并判断命题的真假:

(1) p:9 是 2 的倍数,q:9 是 3 的倍数.

(2) p:等边三角形三个角都等于 $60°$,q:等腰三角形两底角相等.

解答　(1) $p \land q$:9 是 2 的倍数且 9 是 3 的倍数.由于 9 是 2 的倍数是错的,所以 $p \land q$ 是假命题.

$p \lor q$:9 是 2 的倍数或 9 是 3 的倍数.由于 9 是 3 的倍数是对的,所以 $p \lor q$ 是真命题.

(2) $p \land q$:等边三角形三个角都等于 $60°$ 且等腰三角形两底角相等.由于等边三角形三个角都等于 $60°$ 与等腰三角形两底角相等这两个命题都是对的,所以 $p \land q$ 是真命题.

$p \lor q$:等边三角形三个角都等于 $60°$ 或等腰三角形两底角相等.由于等边三角形三个角都等于 $60°$ 与等腰三角形两底角相等这两个命题都是对的,所以 $p \lor q$ 是真命题.

B　　组

2. 选择题:

(1) 命题"$xy \neq 0$"的含义是指(　　　　).

A. $x \neq 0$,且 $y \neq 0$　　　　　　　　　　B. $x \neq 0$,或 $y \neq 0$

C. x,y 中至少一个不为 0　　　　　　　　　D. x,y 不都是 0

解答　在 B、C、D 三个选项中,都有可能出现 x,y 两个未知数中有一个为 0 的情况,此时 $xy = 0$,与原命题不一致.在 A 选项中,x,y 两个未知数都不等于 0,它们的积不等于 0,与原命题一致.故选 A.

【技能训练与自我检测】

技能训练与自我检测题 1.1

A　　组

1. 选择题:

(1) "$3 < 4$ 且 $3 > 4$"是(　　　　).

A. 真命题　　　　　　　　　　　　　　　　B. 假命题

C. 简单命题　　　　　　　　　　　　　　　D. 以上都不是

(2) "$3 < 4$ 或 $3 = 4$"是(　　　　).

A. 真命题   B. 假命题

C. 简单命题   D. 以上都不是

（3）命题"3 是偶数"的否定形式是（   ）.

A. 3 不是奇数   B. 3 是整数

C. 3 不是偶数   D. 以上都不是

（4）命题"苹果与梨都是水果"的否定形式是（   ）.

A. 苹果与梨都不是水果   B. 苹果是水果而梨不是水果

C. 苹果与梨不都是水果   D. 苹果不是水果而梨是水果

2. 填空题：

（1）表达判断的_____叫做命题.

（2）"π 是自然数"是_____命题（填"真"或"假"，下同）.

（3）"如果 $a<0$ 且 $b<0$，那么 $ab>0$"是_____命题.

（4）"如果集合 $A=\{-1\}$，那么 $A\subsetneqq\{x\mid x<0\}$"是_____命题.

3. 判断下列命题的真假，并简述理由：

（1）4 是 2 的倍数或者 9 是 2 的倍数.

（2）4 是 2 的倍数且 9 是 2 的倍数.

（3）1，2，π 不都是有理数.

（4）如果 p：x 是无理数，q：x 是实数，那么 p 是 q 的充分必要条件.

B   组

1. 试找出 $|x| = 4$ 的一个等价命题.

2. 下列命题:(1)"经过不在同一直线上的三个点,可以作一个平面."(2)"如果平面外的一条直线和这个平面内的一条直线平行,那么这条直线和这个平面平行."(3)"如果两个平面都平行于同一条直线,那么这两个平面平行."(4)"如果一条直线和一个平面内的两条相交直线垂直,那么这条直线垂直于这个平面."其中是真命题的有哪几个? 对于其中的假命题请举出反例.

1.2   条 件 判 断

【帮你读书】

1. "如果 p,那么 q"是一个条件判断语句,它可能为真,也可能为假.如果你判断它为真,需要给出证明,如果你判断它为假,可以举一个反例.

2. 记号"$p \Rightarrow q$"表示从条件 p 为真出发,可以通过推理得到结论 q 也为真,换句话说,"$p \Rightarrow q$"表示"如果 p,那么 q"是真命题.

3. 设 p, q 是两个命题,"如果 p,那么 q"为真,我们用 $p \Rightarrow q$ 表示,并称 p 是 q 的充分条件,同时称 q 是 p 的必要条件.

4. 设 p, q 是两个命题,如果 $p \Rightarrow q$,并且 $q \Rightarrow p$,我们用 $p \Leftrightarrow q$ 表示,并称 p 是 q 的充要条件.此时也可以说,p 是 q 的充分必要条件,还可以说,p 与 q 等价,有时也说,p 当且仅当 q.

【教材疑难解惑】

1. 复合命题"如果 a 是整数,那么 a 是自然数"为什么是一个假命题?

解答 根据数的知识,我们知道整数是包含自然数的,要想证明"如果 a 是整数,那么 a 是自然数"是困难的,这时,要用到举反例的方法,只要举出一个特例,说明它是一个整数,但不是自然数,就可以认定原命题为假.例如, -2 是整数(即条件成立),但是 -2 不是自然数(即结论不成立),说明由条件成立推不出结论成立,因此命题"如果 a 是整数,那么 a 是自然数"是一个假命题.

2. 为什么说"$x-1=0$"是"$x^2-1=0$"的充分条件? 为什么说"$x^2-1=0$"是"$x-1=0$"的必要条件?

解答 由条件"$x-1=0$"可以推出结论"$x^2-1=0$",这样我们有充分的理由说"$x-1=0$"是"$x^2-1=0$"成立的条件,因此可以说"$x-1=0$"是"$x^2-1=0$"的充分条件.反过来,如果"$x^2-1=0$"不成立,即 $x=\pm1$ 不成立,当然"$x-1=0$"不可能成立,因此可以说"$x^2-1=0$"是"$x-1=0$"成立的必要条件.

【典型问题释疑】

问题1 在判断"如果 p,那么 q"的真假时,为什么当 p 为假时,不管 q 是真或假,都说"如果 p,那么 q"为真.

解答 在命题逻辑中的"如果 p,那么 q"与日常语句中的"如果 p,那么 q"是有区别的.在数理逻辑中,由逻辑的内在关系,我们定义:当 p 为假时,不管 q 是真或假,都说"如果 p,那么 q"为真.有时候根据日常语言的意义去理解会感到有些别扭.例如,语句"如果你们数学都考 100 分,那么老师在毕业联欢会上唱一首祝福歌".由于条件"你们数学都考 100 分"为假,结论"老师在毕业联欢会上唱一首祝福歌"不管是否发生,在数理逻辑中,我们都认为整句话是真的,不必像日常生活中那样去讨论个明白.

问题2 要求判断复合命题"如果 p,那么 q"中 p 是 q 的什么条件,应该用什么方法?

解答 解这类问题的基本思路是:首先,把 p 作为条件,试图论证结论 q 成立,如果成立,则写作 $p\Rightarrow q$,即 p 是 q 的充分条件;如果不成立,则 p 不是 q 的充分条件;其次,把 q 作为条件,试图论证结论 p 成立,如果成立,则写作 $q\Rightarrow p$,即 p 是 q 的必要条件;如果不成立,则 p 不是 q 的必要条件;最后,只有当 $p\Rightarrow q$,且 $q\Rightarrow p$ 的情况下,才说 p 是 q 的充分必要条件.因此这类问题的答案有 4 种结果:(1)充分但不必要条件;(2)必要但不充分条件;(3)充分必要条件;(4)既不充分也不必要条件.

【教材部分习题解析】

习 题 1.2

A 组

2. 指出下列各组命题中,p 是 q 的什么条件(在"充分但不必要条件""必要但不充分条件""充分必要条件"中选出一种)?

(1) p:四边形是正方形,q:四边形对角线相等;

分析 可按照前文问题 2 中的解题基本思路解决本问题.

解答 (1)试证明 $p\Rightarrow q$:由于四边形是正方形,正方形的对角线相等,所以这个四边形对角线相等,即 p 是 q 的充分条件;(2)由于对角线相等的四边形不一定是正方形,试举出一个反例：长宽比为 2:1 的矩形的对角线相等,但它不是正方形,即由 q 推不出 p,p 不是 q 的必要条件;因此 p 是 q 的充分但不必要条件.

B　组

2. 选择题:

（1）下列命题中正确的是(　　).

A. "$a<b$" 是 "$a^2<b^2$" 的充分条件

B. "$a<b$" 是 "$a^2<b^2$" 的必要条件

C. "$a<b$" 是 "$a^2c<b^2c$" 的充要条件

D. "$a<b$" 是 "$a+c<b+c$" 的充要条件

（2）设命题甲:$0<x<5$;命题乙:$|x-2|<3$,那么甲是乙的(　　).

A. 充分但不必要条件　　　　　　　　　　B. 必要但不充分条件

C. 充分必要条件　　　　　　　　　　　　D. 既不充分也不必要条件

分析　可按照[典型问题释疑]中问题 2 中的解题基本思路解决本问题.

解答　（1）A 选项的一个反例为:$a=-2$,$b=-1$,此时 $a<b$,但 $a^2<b^2$ 不成立.B 选项的一个反例为:$a=-1$,$b=-2$,此时 $a^2<b^2$,但 $a<b$ 不成立.C 选项的一个反例为:$a=-2$,$b=-1$,$c=0$,此时 $a<b$ 成立,但 $a^2c<b^2c$ 不成立;反之,当 $a=-1$,$b=-2$,$c=1$,此时 $a^2c<b^2c$ 成立,但 $a<b$ 不成立.

由前面三个选项的否定,已经可知 D 选项是正确答案,事实上,D 选项是不等式的一个基本性质,也可以用"做差"的方法予以证明.

答:选 D.

（2）命题乙:$|x-2|<3$ 等价于不等式 $-1<x<5$,由于集合 $\{x\mid 0<x<5\}\subsetneqq\{x\mid-1<x<5\}$,故选 A.(请读者举恰当的反例.)

【技能训练与自我检测】

技能训练与自我检测题 1. 2

A　组

1. 选择题:

（1）"$x=2$" 是 "$x^2-2x=0$" 的(　　)条件.

A. 充分但不必要　　　　　　　　　　　B. 必要但不充分

C. 充分必要　　　　　　　　　　　　　D. 既不充分也不必要

（2）"a 是实数" 是 "a 是有理数" 的(　　)条件.

A. 充分但不必要　　　　　　　　　　　B. 必要但不充分

C. 充分必要　　　　　　　　　　　　　D. 既不充分也不必要

（3）"$x=0$" 是 "(　　)" 的充分条件.

A. $x^2-3=0$　　　　　　　　　　　　B. $x^2-3x=0$

C. $x^2-3x+1=0$　　　　　　　　　　D. $x^2-x-3=0$

（4）如果命题 p:"$|x|=5$",命题 q:"$x=5$",那么 p 是 q 的(　　)条件.

A. 充分但不必要   B. 必要但不充分

C. 充分必要   D. 既不充分也不必要

2. 填空题:

(1) "$x>1$"是"$x>0$"的_____条件(填"充分但不必要"或"必要但不充分"或"充分必要",下同).

(2) "$a^2-b^2=0$"是"$a=b$"的_____条件.

(3) "$|a-3|<5$"是"$-2<a<8$"的_____条件.

(4) "两个三角形的三个内角全相等"是"两个三角形全等"的_____条件.

3. 指出下列各题中,p 是 q 的什么条件.给出证明或举出反例.

(1) p:$x>-1$,q:$x>0$.

(2) p:$a \leqslant b$,q:$a^2-b^2 \leqslant 0$.

(3) p:$|x-2|=3$,q:$x=-1$ 或 $x=5$.

(4) p:两条平行直线中的一条垂直于一个平面,q:另一条直线也垂直于这个平面.

B 组

"如果 p,那么 q"与"$p \Rightarrow q$"有什么区别和联系?

章复习问题

1. 什么是命题？怎样区分简单命题与复合命题？
2. 举例说明如何用"且""或""非"连接复合命题.
3. 用"且"连接的复合命题的真值表中，在什么情况下，复合命题为真命题？
4. 用"或"连接的复合命题的真值表中，在什么情况下，复合命题为假命题？
5. 用"非"连接的复合命题的真值表中，在什么情况下，复合命题为真命题？
6. 要说明"如果 p，那么 q"为真，为什么要给出证明？
7. 要说明"如果 p，那么 q"为假，为什么只要给出一个反例即可？
8. 充分条件、必要条件与充要条件有什么联系？

章自我检测题

第 1 章检测题
A　　　组

1. 选择题:(每题 3 分,共 18 分)

(1) " $x=0$ "是" $x^2-2x=0$ "的(　　　)条件.

A. 充分但不必要　　　　　　　　　　　　B. 必要但不充分

C. 充分必要　　　　　　　　　　　　　　D. 既不充分也不必要

(2) " a 是整数"是" a 是有理数"的(　　　)条件.

A. 充分但不必要　　　　　　　　　　　　B. 必要但不充分

C. 充分必要　　　　　　　　　　　　　　D. 既不充分也不必要

(3) " $x=3$ "是"(　　　)"的充分条件.

A. $x^2-3=0$ 　　　　　　　　　　　　B. $x^2-3x=0$

C. $x^2-3x+1=0$ 　　　　　　　　　　D. $x^2-x-3=0$

(4) 命题"2 是偶数"的否定形式是(　　　).

A. 2 是奇数　　　　　　　　　　　　　　B. 2 是整数

C. 2 不是偶数　　　　　　　　　　　　　D. 以上都不是

(5) " $\pi>3.14$ 或 $\pi<3.14$ "是(　　　).

A. 真命题　　　　　　　　　　　　　　　B. 假命题

C. 简单命题　　　　　　　　　　　　　　D. 以上都不是

(6) 如果 a 是实数,那么" $a>0$ "是" $\dfrac{|a|}{a}=-1$ "的(　　　)条件.

A. 充分但不必要　　　　　　　　　　　　B. 必要但不充分

C. 充分必要　　　　　　　　　　　　　　D. 既不充分也不必要

2. 填空题:(每空 3 分,共 27 分)

(1) 命题可分为_____和_____.

(2) "0 是自然数"是_____命题(填"真"或"假",下同).

(3) "如果 $a>0$ 且 $b>0$,那么 $ab>0$"是_____命题.

(4) "如果集合 $A=\{-2\}$,那么 $A\subsetneqq\{x\mid x<0\}$"是_____命题.

(5) "$x>0$"是"$x>1$"的_____条件(填"充分但不必要"或"必要但不充分"或"充分必要",下同).

(6) "$a=b$"是"$a^2-b^2=0$"的_____条件.

(7) "$\mid a-3\mid=5$"是"$a=8$ 或 $a=-2$"的_____条件.

(8) "两个三角形的面积相等"是"两个三角形全等"的_____条件.

3. 判断下列命题的真假,并简述理由:(每题 7 分,共 28 分)

(1) $2.1>2$ 且 $2.1<2$.

(2) $-a$ 一定是负数.

(3) $-5,5,\sqrt{5}$ 都不是无理数.

(4) 如果 $x^2-2x=0$,那么 $x=2$.

4. 指出下列各题中, p 是 q 的什么条件. 给出证明或举出反例. (每题 7 分,共 14 分)

(1) p: $x^2 - 5x + 4 = 0$, q: $x = 1$.

(2) p: $a = 0$ 且 $b = 0$, q: $ab = 0$.

5. 已知命题"如果 $x + 1 = 0$,那么 $x^2 - 2x + 3 = 0$",写出它的逆命题、否命题和逆否命题. (13 分)

B 组(附加题 10 分)

已知"$x = 0$"是"$ax^2 + bx + c = 0$"的充要条件,试求 a, b, c 的值或取值范围.

第2章 算法与程序框图

2.1 算 法

【帮你读书】

1. 思考人工计算和计算机计算在解决同一个问题时的表现:人怕简单重复,而计算机擅长简单重复. 这一现象提示我们,现代意义上的算法与传统意义上的算法是有区别的.但是两者又有联系,因为解决一个问题的方法是靠人想出来的,算法首先反映的是人脑的思维过程,它符合人的逻辑推理习惯.

2. 根据这种既有区别又有联系的特点,我们在设计编写算法时,既要顺应人的逻辑思维,又要适合计算机的机械属性.因此, 设计算法要严格按照计算机的编程要求,按部就班地设计算法、绘制程序框图、编写算法语句.

3. 当我们站在计算机的角度思考时,会很自然地得出现代算法必须具有的特点:(1) 有限性;(2) 确定性;(3) 有序性;(4) 有输入和输出.

4. 算法的三种基本逻辑结构,是所有算法大量使用的逻辑推理方式和基本编写格式. 我们应该牢牢记住,并能熟练运用.

【教材疑难解惑】

1. 本节例1和例2中所写的算法为什么没有完全按照算法必须具有的特点书写?

解答 本节例题所写的算法使用的是算法的自然语言,编写时要考虑到计算机执行的程序过程,所以详细写出了算法的步骤.但是在书写格式上可以不作过于严格的要求.自然语言着重的是方法和思维过程.

2. 解决一个问题的算法不是唯一的.例2还有其他的解决方法(即其他的算法),请试一试.

解答 将9枚硬币分成4,4,1三组,先称4,4两组.若平衡,则第三组即为假币;否则,取较轻的那一组分成2,2两组,称后取较轻的一组再分成1,1两组,一称便知哪枚是假币.

3. 条件结构和循环结构的联系与区别在哪?

解答 相同之处:两种结构都需要对条件进行判断,并根据条件是否成立,而执行不同的步骤;

不同之处:条件结构强调的是对条件的判断,以及判断后的分支流程.循环结构强调的是在条件结构的作用下,某一指令多次重复地执行;

相互联系:任何循环结构中都含有条件结构.

【典型问题释疑】

问题 1　已知 S-ABC 是棱长为 a 的正四面体.试设计计算该四面体的表面积的一个算法.

分析　正四面体的四个面是全等的正三角形(即等边三角形),正四面体的表面积就是四个正三角形的面积之和.

解答　第一步:输入 a;第二步:计算边长为 a 的正三角形的面积 $s = \dfrac{\sqrt{3}}{4}a^2$;第三步:计算正四面体的表面积 $S = 4s$;第四步:输出 S.

问题 2　设计求关于 x 的一次不等式 $ax>1$ 的解的一个算法.

分析　这是一个含有参数 a 的不等式问题.要对参数 a 分 $a = 0, a > 0, a < 0$ 三种情况进行讨论.

解答　第一步:输入 a;第二步:判断是否 $a = 0$. 若是则进行第四步,若否则进行第三步;第三步:判断是否 $a > 0$. 若是则进行第五步,若否则进行第六步;第四步:输出不等式的解为空集;第五步:输出不等式的解为 $x > \dfrac{1}{a}\,(a>0)$;第六步:输出不等式的解为 $x < \dfrac{1}{a}\,(a<0)$.

【教材部分习题解析】

习　题　2.1
A　　组

2. 一个人带三只狼和三只羊过河,只有一条能同时容下一个人和两只动物的小船.没有人在的时候,如果狼的数量不少于羊的数量,狼就会吃掉羊.请你替此人设计一个能安全渡河的算法.

解答　第一步:人带两只狼过河;第二步:人自己返回;第三步:人带一只狼过河;第四步:人自己返回;第五步:人带两只羊过河;第六步:人带两只狼返回;第七步:人带一只羊过河;第八步:人自己返回;第九步:人带两只狼过河.

B　　组

*4.任意给定一个大于 1 的正整数,设计一个算法,求出这个数的所有因数(1 和本身不考虑).

解答　设 n 是一个大于 1 的正整数.第一步:输入 n;第二步:输入数据 2;第三步:判断 n 能否被 2 整除.如果能则使 $m = 2$,并执行第四步,如果不能则返回到第二步,输入下一个数据 3,4,…直到输入完 $n-1$ 个数据为止;第四步:输出 m.该算法输出的 m 全是 n 的因数.

【技能训练与自我检测】

技能训练与自我检测题 2.1
A　　组

1. 写出求 1+3+5+7+9 的值的一个算法.

2. 用顺序结构编写关于炒某一道菜过程的一个算法.

3. 用条件结构编写解不等式 $mx-1<0(m\neq0)$ 的一个算法.

4. 用循环结构编写关于手洗衣服过程的一个算法.

B　　组

已知一个三角形的三边边长分别为 2,3,4.设计一个算法,求这个三角形的面积.

2.2   算法的程序框图

【帮你读书】

1. 算法的程序框图是介于自然语言和符号语言之间的语言形式,它要比自然语言更接近计算机语言.在设计程序框图时,一定要更多地考虑是否适合计算机操作,同时要严格按照编写程序框图的规定和要求画图.

2. 熟练掌握程序框图的三种基本逻辑结构,因为我们可以利用这三种基本结构设计出所有的算法.建议同学们:多看例题,仔细琢磨;多做习题,勤动手脑;可以先多看图,看懂图,再模仿.

3. 循环结构实际上是三种基本结构的一个综合体,它应用广泛,设计难度比较大.控制循环的变量和条件的设置是最难的,也是最重要最关键的 . 建议多练习、多积累经验.

【教材疑难解惑】

怎样画算法的程序框图?

解答   先用自然语言写出算法的基本和关键的步骤, 然后根据前后步骤的逻辑关系, 确定程序框图的结构, 最后按照画程序框图的一般规则精心设计和绘制.

【典型问题释疑】

问题 1   如图 2-1 所示,若输入的 n 是 10,则输出的 S 和 T 的值分别是(   ).

A. 28 和 945   B. 24 和 315   C. 18 和 63   D. 10 和 9

解答 $n=10, S=0, T=1 \to n=8, S=18, T=63 \to n=6, S=24, T=315 \to n=4<5$,故选 B.

问题 2   已知分段函数 $y=\begin{cases} 1-x, & x<0, \\ 0, & x=0, \\ 1+x, & x>0, \end{cases}$ 求函数值的程序框图如图 2-2 所示,则①、②判别框内要填写的内容分别是(   ).

A. $x>0, x<0$ B. $x>0, x=0$ C. $x<0, x=0$ D. $x \geqslant 0, x<0$

解答   选 C.

问题 3   在如图 2-3 所示程序框图中,如果输入三个实数 a、b、c,要求输出这三个数中最大的数,那么在空白的判断框内应该填入的条件是(   ).

A. $c>x$ B. $c<x$ C. $c>b$ D. $c<b$

解答   选 A.

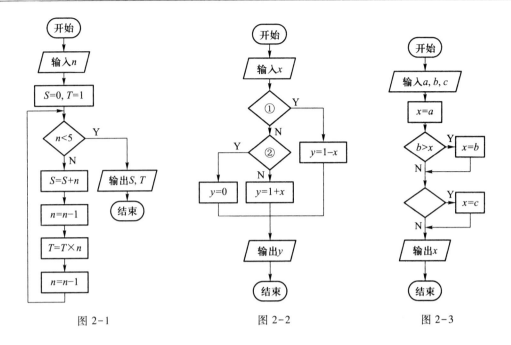

图 2-1   图 2-2   图 2-3

问题 4 画一个程序框图：输入 $1,2,3,\cdots,100$，输出所有能被 3 整除的数.

解答 参见图 2-4.

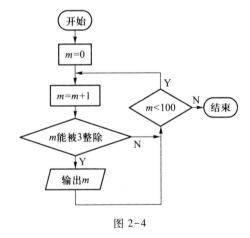

图 2-4

【教材部分习题解析】

习　题　2.2

A　组

3. 输入 100 个数，输出这 100 个数的总和.请写出相应的程序框图.

解答 参见图 2-5.

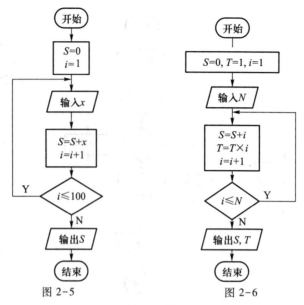

图 2-5　　　　　　　　　图 2-6

B　　组

5. 如图所示的程序框图中（见教材第 29 页第 5 题图），若输入的 n 是 10，则输出的 S 和 T 的值依次是 _____和_____.

　解答　34 和 30.

6. 如图所示程序框图（见教材第 29 页第 6 题图），写出相应的 y 与 x 的函数解析式.

　解答　$y = \begin{cases} x, & x < 1, \\ 2x-11, & 1 \leqslant x < 10, \\ 3x-11, & x \geqslant 10. \end{cases}$

8. 输入正整数 N，计算 $S = 1+2+3+\cdots+N$ 和 $T = 1\times2\times3\times\cdots\times N$，并输出 S, T 的值.编写出相应的程序框图.

　解答　参见图 2-6.

【技能训练与自我检测】

技能训练与自我检测题 2.2
A　　组

1. 选择题：

（1）图 2-7 所示程序框图输出的结果是（　　）.

A. x 的值　　　　　　　　　　B. 数值 0

C. x 的值或数值 0　　　　　　D. x 的值与数值 0 中较大的值

（2）图 2-8 所示程序框图输出的结果是（　　）.

A. 1　　　　　　B. 2　　　　　　C. 3　　　　　　D. 4

（3）图 2-9 所示程序框图输出的结果是（　　）.

A. a, b, c 中最大的数　　　　　B. a, b, c 中最小的数

C. a　　　　　　　　　　　　D. c

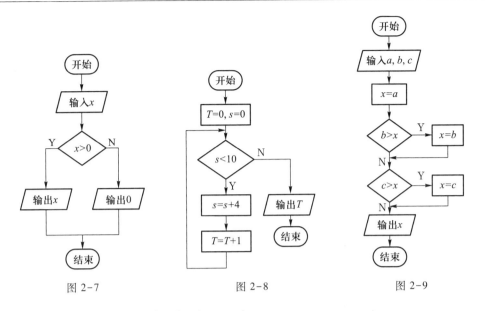

图 2-7　　　　　　　图 2-8　　　　　　　图 2-9

（4）图 2-10 给出的是计算 $\dfrac{1}{2}+\dfrac{1}{4}+\dfrac{1}{6}+\cdots+\dfrac{1}{20}$ 的值的一个程序框图,其中判断框内应该填入的条件是(　　).

A. $i>10$　　　　　B. $i<10$　　　　　C. $i>20$　　　　　D. $i<20$

（5）图 2-11 所示的程序框图输出的结果是 $a_4+a_5+a_6+a_7$,则图中的判断框内应填写的条件是(　　).

A. $4\leqslant k\leqslant 7$　　　B. $k\leqslant 7$　　　　　C. $k<7$　　　　　D. $k<8$

（6）图 2-12 所示程序框图输出的结果为 30,则输入的正整数 n 应该是(　　).

A. 2　　　　　　　B. 3　　　　　　　C. 4　　　　　　　D. 5

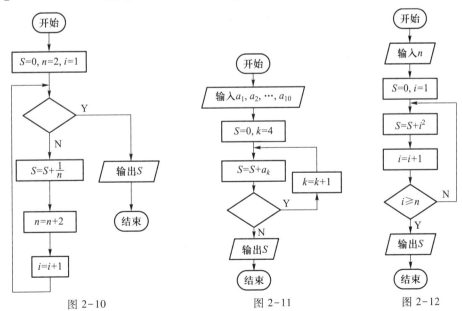

图 2-10　　　　　　　图 2-11　　　　　　　图 2-12

（7）如图 2-13 所示的程序框图输出的结果是（   ）.

A. 0   B. 1   C. 2   D. 3

（8）阅读如图 2-14 所示的程序框图,如果输入 $x=-0.5,k=0.5$,那么输出的各个数的和等于（   ）.

A. 2   B. 2.5   C. 3   D. 3.5

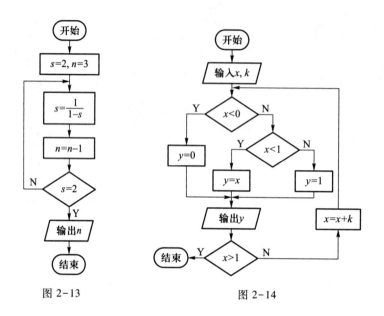

图 2-13   图 2-14

2. 填空题:

（1）图 2-15 是计算 $1+\dfrac{1}{3}+\dfrac{1}{5}+\cdots+\dfrac{1}{21}$ 的值的程序框图.那么虚线框内是_____结构.

（2）如图 2-16 所示的程序框图输出的结果是_____.

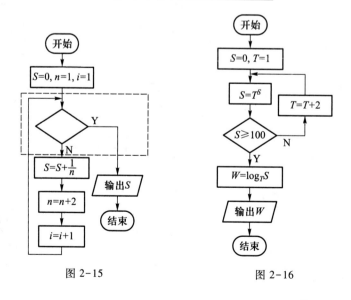

图 2-15   图 2-16

（3）在如图 2-17 所示程序框图中,若输入的值 $m=-5$,则输出的结果是_____.

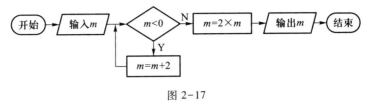

图 2-17

3. 根据以下步骤,画出相应的程序框图:植树活动开始,挖坑,如果坑的深度不够则继续挖坑,如果坑的深度够了则栽树苗,然后填土,浇水,最后结束.

4. 已知分段函数 $y=\begin{cases} x^2, & x<0, \\ 2x, & x\geq 0, \end{cases}$ 输入 x,输出 y.试画出相应的程序框图.

5. 画出求 1,3,5,7,9 的和的程序框图.

B 组

1. 给出 10 个数:$1,2,4,7,\cdots$ 其规律是:第 1 个数是 1,第 2 个数比第 1 个数大 1,第 3 个数比第 2 个数大 2,第 4 个数比第 3 个数大 3,以此类推.要计算这 10 个数的和.现已给出了该问题算法的程序框图(图 2-18).请在图中判断框内①处和处理框内②处填上合适的内容,使之能完成该题的算法.①、②分别是(   ).

A. $i<10,p=p+1$ B. $i<10,p=s+1$ C. $i\leqslant 10,p=s+1$ D. $i\leqslant 10,p=p+i$

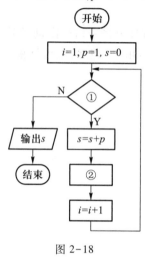

图 2-18

2. 输入两个正整数 m,n.若 $m\leqslant n$,则计算 $P=n(n-1)(n-2)\cdots(n-m+1)$,并输出 P 的值;若 $m>n$,则结束.试画出相应的程序框图.

2.3 算法与程序框图应用举例

【帮你读书】

1. 算法在自然科学和经济生活中有着广泛的应用,案例 1(关于城市居民生活用水收费问题)和案例 2(房屋出租收费标准)都属于分段(或分类)计费问题,可以列出分段函数解析式.这类问题的算法一般需要采用条件结构来绘制程序框图.

2. 许多问题的解决,需要逐步地、重复地进行某种类似的步骤.如案例 3 中多次重复地计算 $v = vx + a_i$.再如案例 4 中多次重复计算 $f\left(\dfrac{a+b}{2}\right)$ 和反复判断 $f(a) \cdot f\left(\dfrac{a+b}{2}\right) < 0$ 是否成立.像这类问题,就必须采用循环结构来编写其算法与程序框图.

【教材疑难解惑】

分段(类)计费问题中所写的分段函数是由几个函数组成的吗?

解答 不是,分段函数是一个函数,只是当自变量取不同范围内的值时,计算函数值的解析式不同.这一点在程序框图中看得更清楚.

【典型问题释疑】

问题 1 某城市为了让市民节约用电,供电部门规定,每户每月用电不超过 200 kW·h,收费标准为 0.51 元/(kW·h),当用电超过 200 kW·h,但不超过 400 kW·h 时,超过的部分按 0.8 元/(kW·h)收费,当用电超过 400 kW·h 时,就停止供电.写出每月电费 y(元)与用电量 x 之间的函数解析式并画出相应的程序框图.

分析 该题是典型的分段计费问题,因此一定要构建分段函数.画程序框图时,必须选用条件结构.

解答 程序框图参见图 2-19.

$$y = \begin{cases} 0.51x, & 0 \leqslant x \leqslant 200, \\ 0.8(x - 200) + 102, & 200 < x \leqslant 400. \end{cases}$$

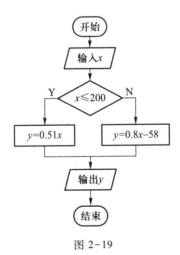

图 2-19

问题 2 请利用"二分法"求方程 $x^3 - x - 1 = 0$ 的近似解(精确到 0.01),并画出利用"二分法"求方程近似解的算法程序框图.

分析 用二分法时,首先要估计出根所在的区间.该方程的根明显在 1~2 之间,于是设 $a = 1, b = 2$.

解答 参见图 2-20.

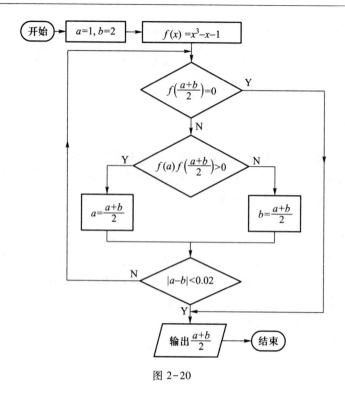

图 2-20

根据框图逐步计算可得, $x^3-x-1=0$ 的近似解为 1.32.

【教材部分习题解析】

习　题　2.3

A　组

1. 某商店一个月的收入和支出总共记录了 n 个数据 $x_1, x_2, \cdots, x_n$, 其中收入记为正数, 支出记为负数. 该店用如图(图参见教材第 33 页第 1 题图)所示的程序框图计算月总收入 R 和月净盈利 L. 那么图中空白的判断框和处理框中, 应该分别填入(　　　).

A. $X>0, L=R-Z$　　B. $X<0, L=R-Z$　　C. $X>0, L=R+Z$　　D. $X<0, L=R+Z$

解答　选 C.

B　组

3. 如图所示是判断闰年的一个程序框图. 请你根据图(图参见教材第 34 页第 3 题图)中所示的算法, 判断 1900 年、2000 年、2008 年、2010 年中为闰年的是_____.

解答　2000 年和 2008 年.

【技能训练与自我检测】

技能训练与自我检测题 2.3

A　组

将一张足够大的纸, 第一次对折, 第二次再对折, 第三次再对折, …… 如此不断地对折 27 次, 这时纸折叠后的厚度将会超过世界第一高峰珠穆朗玛峰的高度. 请补充完成图 2-21 的程序框图

(假设 10 层纸的厚度为 0.001 m).设 n、h 分别表示纸的层数和厚度,填空:① _____;
② _____;③ _____.

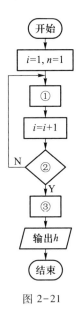

图 2-21

B 组

1. 某快递公司规定甲乙两地之间物品的托运费根据下列方法计算:

$$y = \begin{cases} 0.53x, & x \leqslant 50, \\ 0.53 \times 50 + (x - 50) \times 0.85, & x > 50, \end{cases}$$

其中 y(元)为托运费,x(kg)为托运物品的重量.画出计算托运费用 y 的程序框图.

2. 用二分法设计一个求方程 $x^2-2=0$ 的近似正根的算法.(精确到 0.05)

章复习问题

1. 举例说明什么是算法,学习算法的目的是什么?
2. 算法的特点有哪些?
3. 描述算法的语言形式有哪几种?
4. 算法的基本逻辑结构有哪几种?
5. 算法的程序框图怎么画? 有哪些画图规则?
6. 为什么说循环结构是程序框图三种基本结构的综合体?
7. 你能举出算法在经济生活中应用的实例吗?

章自我检测题

第 2 章检测题
A　　　组

1. 选择题:(每题 6 分,共 30 分)
(1) 下列结论中正确的是(　　　).
A. 条件结构中必有循环结构
B. 顺序结构中必有循环结构
C. 顺序结构中必有条件结构
D. 循环结构中必有条件结构
(2) 给出以下四个问题:① 输入 x,输出它的相反数;② 求面积为 6 的正方形的周长;③ 求输入的三个数 a,b,c 中的最大数;④ 求函数 $y=\begin{cases} x-1, & x\geq 0, \\ x+2, & x<0 \end{cases}$ 的函数值,其中不需要用条件结构的算法有(　　　)个.
A. 1　　　　　　B. 2　　　　　　C. 3　　　　　　D. 4
(3) 图 2-22 所示的程序框图输出的值是(　　　).
A. 6　　　　　　B. 5　　　　　　C. 4　　　　　　D. 3
(4) 给出一个算法的程序框图如图 2-23 所示,输出的结果是(　　　).
A. a,b,c 中最小的数
B. a,b,c 中最大的数
C. 将 a,b,c 按从小到大的顺序排列
D. 将 a,b,c 按从大到小的顺序排列
(5) 如果执行如图 2-24 所示程序框图,那么输出的结果是(　　　).

A. $1+2+3+\cdots+20$ 　　　　B. $1+2+4+6+\cdots+20$

C. $2+4+6+\cdots+20$ 　　　　D. $2+4+6+\cdots+22$

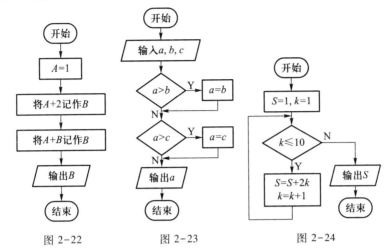

图 2-22　　　　图 2-23　　　　图 2-24

2. 填空题:(每题 6 分,共 30 分)

(1) 一个完整的程序框图有_____框、_____框、_____框、_____框和_____
线,其中_____框是不可缺少的.

(2) 图 2-25 是求一元二次方程的根的程序框图.那么虚线框内是_____结构.

(3) 输入一个正整数 n,要计算并输出 $S=1+2+3+\cdots+n$,使用_____结构比较合理.

(4) 在如图 2-26 所示程序框图中,如果输入 $x=1$,那么输出 $y=$_____.

(5) 在如图 2-27 所示程序框图中,如果输入 $m=4$,$n=6$,那么输出 $a=$_____,
$i=$_____.

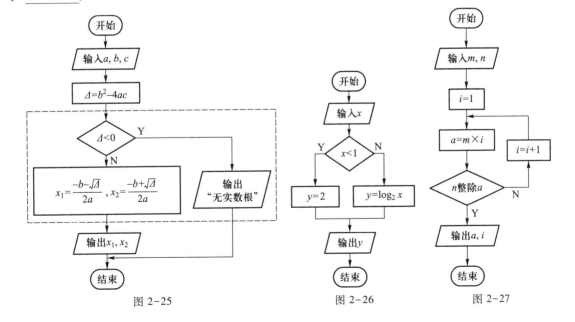

图 2-25　　　　图 2-26　　　　图 2-27

3. 设球半径为 r,则球的表面积为 $S = 4\pi r^2$,球的体积为 $V = \dfrac{4}{3}\pi r^3$.输入 r,若 $r \leqslant 0$,输出"错误";否则,输出 S 和 V.试编写出该算法的程序框图.(10 分)

4. 某算法的程序框图如图 2-28 所示,请写出输出量 y 与输入量 x 满足的关系式.(10 分)

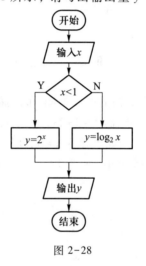

图 2-28

5. 画出求 $T=1×3×5×7×\cdots×31$ 的值的程序框图.（10 分）

6. 为了鼓励节约用水,许多城市实行阶梯式计量水价.具体收费标准为:每户每月用水量未超过 3 t 的部分,每吨 2.5 元;用水量超过 3 t,但未超过 10 t 的部分,每吨 3 元;超过 10 t 的部分,每吨 4 元.

（1）写出水费 y 关于用水量 $x(x\geq0)$ 的函数关系式;

（2）设计一个计算水费的算法,要求画出程序框图.（10 分）

B 组（附加题 10 分）

图 2-29 是需要依次输入某班 50 名同学的数学成绩的一个程序框图.图中输出的结果 s 表示的是什么含义?

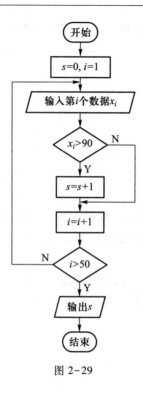

图 2-29

第3章 数据表格信息处理

3.1 数组与数据表格

【帮你读书】

1. 数组由表格中同一栏目下的内容所组成(可以是同一行栏目,也可以是同一列栏目内容),数组中的内容用逗号隔开,写在小括号内.数组一般包括文字数组和数字数组,数组的内容是横向排列还是纵向排列无碍数据的本质,习惯上把它们横向排列写在小括号内.一般情况下,数组的内容要么是文字形式,要么是数字形式,平时常见的是数字数组.

2. 数据表格一般由表号(表序)、表题、表头和表身组成,其中表头是表格中对统计数据分类的项目.表头包括栏头与行头.栏头与行头的各格为横栏目和竖栏目,栏头与行头位于表格左侧者为横栏目,它与所指明的数字在同一横行;栏头与行头位于表格上端者为竖栏目,它与所指明的数字在同一纵列.若表头的横栏目和竖栏目属于完全不同属性的内容,有时会在表头的左上角方格中用不同项目及对象内容注明,此时需要用斜线隔开.表格中数据一般不写单位,唯一的单位一般写在表格的右上方.一般情况下,表格中外框线用粗线,行与列的分隔线用细线.教材中较详细地介绍了数据表格的构成和绘制要求.

【教材疑难解惑】

1. 一个数组中可以既包含横栏目的数据,又包含其他横栏目或竖栏目的数据吗?

解答 不可以,数组是由数据表格中同一项目的横栏目或竖栏目中的内容组成,不能把数据表格中的数据随意组合成一个数组.

2. 制作数据表格时,单位要写进表格中吗?

解答 为了使数据表格看起来简洁明了,单位一般不写进表格中,直接写在表题的后面或表格的右上方.

3. 数据表格中的所有行或列中数字都可以表示在同一个数组中吗?

解答 不一定,要看表格中的行数字或列数字是不是表示同一个栏目内容,同一行但不同栏目的数据不能写在同一数组中.

【典型问题释疑】

问题 1 某超市商品销售额如表 3-1 所示:

表 3-1   某超市商品销售额   （单位：万元）

商品类别	服装类	食品类	家电类	文化类
1 月份销售额	300	500	450	230
2 月份销售额	250	800	600	350
3 月份销售额	400	700	580	550

（1）试写出横栏目或竖栏目的所有文字数组；

（2）试分别表示每个月的销售额数组（横栏目）和第一季度每类商品的销售额数组（竖栏目）.

分析 表格中的文字数组有两个，横栏目与竖栏目各一个，其中"商品类别"不能做数组内容，是数组名称；每个月的销售额数组是指每月 4 类商品的销售额数字构成的数组（是行栏目数组，共有 3 个数组）；第一季度每种商品的销售额数组是指同一商品在 1、2、3 月的销售额数字构成的数组（是列栏目数组，共有 4 个数组）.

解答 （1）商品类别文字数组为（服装类，食品类，家电类，文化类），销售额文字数组为（1 月份销售额，2 月份销售额，3 月份销售额）；

（2）1 月份销售额数组为（300，500，450，230），2 月份销售额数组为（250，800，600，350），3 月份销售额数组为（400，700，580，550）；

第一季度服装类销售额数组为（300，250，400），第一季度食品类销售额数组为（500，800，700），第一季度家电类销售额数组为（450，600，580），第一季度文化类销售额数组为（230，350，550）.

问题 2 某班有 34 人，试排一周的卫生值日表.要求：每天扫地、倒垃圾 2 人，拖地 2 人，擦黑板 1 人，排桌椅 1 人，每位同学一周劳动一次；另外，劳动委员（学号为 33 号）负责监督检查，不安排具体任务，每周五另安排 2 位同学擦窗，1 位同学擦门.

分析 本题属于数据表格的制作，要考虑好横栏目和竖栏目各需几格，在不考虑特殊要求的情况下，可按学号顺序依次安排.为了使得表格内容简化，每位学生姓名用学号数字表示.

解答 如表 3-2 所示是值日表的一种排法.

表 3-2   班级每周卫生值日表   （表中数字是学号）

任务	周一	周二	周三	周四	周五	检查负责人
扫地、倒垃圾	1,2	7,8	13,14	19,20	25,26	
拖地	3,4	9,10	15,16	21,22	27,28	
擦黑板	5	11	17	23	29	33
排桌椅	6	12	18	24	30	
擦窗					31,32	
擦门					34	

【教材部分习题解析】

练习 3.1.2

查询银行的各档定期储蓄利率,并作出银行的定期储蓄利率表.

分析　先要了解银行的定期储蓄种类有多少种,再到银行或网上查阅银行各档的定期储蓄利率数值,值得一提的是银行的定期储蓄利率是会适当变化的,下面给出的是中国银行 2019 年 6 月公布的一个定期储蓄利率表(表 3-3).

表 3-3　银行的定期储蓄利率表

类别	项目	年利率(%)
整存整取	三个月	1.35
	半年	1.55
	一年	1.75
	二年	2.25
	三年	2.75
	五年	2.75
零存整取 整存零取 存本取息	一年	1.35
	三年	1.55
	五年	1.55
定活两便		按一年以内定期整存整取 同档次利率打 6 折

(各商业银行公布的利率不尽相同)

习　题　3.1
B　组

1. 某班现有班委 7 人,姓名及职务分别为:王敏(班长)、丁小龙(学习委员)、李慧(生活委员)、江丽(宣传委员)、朱明(劳动委员)、吴晓静(文艺委员)、邵金忠(体育委员).请制定一个每周班委执勤计划表,使 7 位班委每天分别负责管理① 早读;② 中午自修;③ 下午自修;④ 教室卫生保洁;⑤ 眼保健操;⑥ 收作业;⑦ 多媒体设备管理共 7 项班级工作,且每人每天管理不同的工作,同时每天从 7 位执勤班委中选一位作为负责人,并在备注栏中注明负责人姓名.

分析　为了简化表格,把每个班委值勤的项目用数字符号表示,表中序号代表项目:① 早读;② 中午自修;③ 下午自修;④ 教室卫生保洁;⑤ 眼保健操;⑥ 收作业;⑦ 多媒体设备管理;这张表格制定结果不唯一,以下仅作参考.

解答　每周班委执勤计划表如表 3-4 所示:

表 3-4　每周班委执勤计划表

姓名	周一	周二	周三	周四	周五
王敏	①	②	③	④	⑤
丁小龙	②	③	④	⑤	⑥
李慧	③	④	⑤	⑥	⑦
江丽	④	⑤	⑥	⑦	①
朱明	⑤	⑥	⑦	①	②
吴晓静	⑥	⑦	①	②	③
邵金忠	⑦	①	②	③	④
备注(负责人)	王敏	丁小龙	李慧	江丽	朱明

2. 写出班委执勤表的一个横向排列数组和一个纵向排列数组.

解答　一个横向排列数组:以王敏为例,一周工作项目数组为(①,②,③,④,⑤);一个纵向排列数组:以周一为例,7 位班委工作项目及负责人数组为(①,②,③,④,⑤,⑥,⑦,王敏)

【技能训练与自我检测】

技能训练与自我检测题 3.1
A　　组

1. 我国南方三城市(上海、南京、杭州)同北方四城市(北京、天津、沈阳、哈尔滨)联系来往密切,它们之间的路程如下表,试写出两个文字数组和至少两个数字数组.

南方三城市和北方四城市之间的路程表　　　　　　　　(单位:千米)

	北京	天津	沈阳	哈尔滨
上海	1 462	1 325	2 029	2 576
南京	1 157	1 020	1 724	2 271
杭州	1 651	1 514	2 218	2 765

2. 某工厂有七个工种 A,B,C,D,E,F 和 G,每个工种有五种不同的工资等级(一、二、三、四、五级),各工种不同的工资等级的人数统计如下表.试分别表示工种 B 和工种 D 的五种工资等级

的人数数组和第一、五工资等级的不同工种的人数数组.

各工种不同的工资等级的人数统计表 （单位：人）

工资等级	A	B	C	D	E	F	G
一	2	3	4	0	6	0	2
二	4	2	6	2	8	4	0
三	10	6	12	4	10	7	0
四	3	0	5	1	2	3	1
五	1	1	3	1	0	1	2

B 组

有 A,B,C 三支足球队各自进行了多次世界杯热身比赛,A 队参加了 18 场比赛,胜 11 场、平 4 场、负 3 场;B 队参加了 17 场比赛,胜 11 场、平 4 场、负 2 场;C 队参加了 17 场比赛,胜 10 场、平 5 场、负 2 场.试制作一个关于这三支足球队热身赛的胜负情况表.

3.2 数组的运算

【帮你读书】

1. 数组用黑体小写斜体英文字母表示,手写时就用小写英文字母表示,这一点与平面向量的记法不同.

2. 数组的加法、减法、数乘运算法则:

(1) $\boldsymbol{a}+\boldsymbol{b}=(a_1,a_2,\cdots,a_n)+(b_1,b_2,\cdots,b_n)=(a_1+b_1,a_2+b_2,\cdots,a_n+b_n)$.

(2) $\boldsymbol{a}-\boldsymbol{b}=(a_1,a_2,\cdots,a_n)-(b_1,b_2,\cdots,b_n)=(a_1-b_1,a_2-b_2,\cdots,a_n-b_n)$.

(3) $k\boldsymbol{a}=k(a_1,a_2,\cdots,a_n)=(ka_1,ka_2,\cdots,ka_n)$.

说明:① 在做数组 $\boldsymbol{a}$ 和 $\boldsymbol{b}$ 的加法、减法时,要求维数相同(即数组中的元素个数相同);② 数组加法、减法、数乘的运算结果还是一个同维数的数组;③ 数组的数乘运算常常用在求平均数中,把除以 n 当作乘 $\dfrac{1}{n}$.

3. 数组的内积运算: $\boldsymbol{a}\cdot\boldsymbol{b}=(a_1,a_2,\cdots,a_n)\cdot(b_1,b_2,\cdots,b_n)=a_1b_1+a_2b_2+\cdots+a_nb_n$.

说明:① 在做数组 $\boldsymbol{a}$ 和 $\boldsymbol{b}$ 的内积运算时,要求维数相同;② 数组的内积运算结果是一个数值,而不是一个数组.

4. n 维数字数组的加法、数乘、内积,有下列运算律:其中 m,k 是实数,$\boldsymbol{a},\boldsymbol{b},\boldsymbol{c}$ 是数组.

(1) $\boldsymbol{a}+\boldsymbol{0}=\boldsymbol{a}$,$\boldsymbol{a}+(-\boldsymbol{a})=\boldsymbol{0}$,其中,$\boldsymbol{0}=(0,0,\cdots,0)$ 是 n 维数组.

(2) 结合律: $(\boldsymbol{a}+\boldsymbol{b})+\boldsymbol{c}=\boldsymbol{a}+(\boldsymbol{b}+\boldsymbol{c})$,

$$m(k\boldsymbol{a})=k(m\boldsymbol{a}),$$

$$m(\boldsymbol{a}\cdot\boldsymbol{b})=(m\boldsymbol{a})\cdot\boldsymbol{b}=\boldsymbol{a}\cdot(m\boldsymbol{b}).$$

(3) 交换律: $\boldsymbol{a}+\boldsymbol{b}=\boldsymbol{b}+\boldsymbol{a}$,

$$\boldsymbol{a}\cdot\boldsymbol{b}=\boldsymbol{b}\cdot\boldsymbol{a}.$$

(4) 分配律: $(m+k)\boldsymbol{a}=m\boldsymbol{a}+k\boldsymbol{a}$,

$$m(\boldsymbol{a}+\boldsymbol{b})=m\boldsymbol{a}+m\boldsymbol{b},$$

$$(\boldsymbol{a}+\boldsymbol{b})\cdot\boldsymbol{c}=\boldsymbol{a}\cdot\boldsymbol{c}+\boldsymbol{b}\cdot\boldsymbol{c}.$$

说明:① 数组的运算律与实数的运算律基本相同.这些运算律可由数字数组的加法、数乘、内积的运算法则直接推理得出;② 以前学过的平面向量,可看作是二维数字数组.n 维数字数组是平面向量的推广,它和平面向量的运算律一致.因此,n 维数字数组也可看作 n 维向量.

【教材疑难解惑】

1. 数组 $\boldsymbol{0}$ 和数字 0 是相等的吗?

解答 不相等.首先,数组 $\boldsymbol{0}$ 是代表 n 个数字 0 构成的有序数字数组整体,它在数据表格中代表某一行栏目或列栏目的数字都是 0;其次,它们的表示方法也不一样.

2. 数组的内积运算不是一个数组,而是一个数值,所以它又可以叫做数量积,对吗?

解答 对.数组的内积运算是平面向量数量积运算的一个推广,根据运算法则,它的运算结果是一个数值,数组的内积又可以叫做数量积.

【典型问题释疑】

问题 1 已知某时期的各类商品的总销售额和总成本额数组,如何求这一时期的总利润额数组?

解答 总利润额数组＝总销售额数组－总成本额数组,由数组的减法运算得到.

问题 2 已知 4 个月的总利润额数组,如何求平均每月的利润数组?

解答 运用数组的数乘运算,平均每月的利润数组＝$\dfrac{1}{4}$×总利润额数组.

说明:在求某些数据的平均数(即样本平均数)时,可先应用数组的加法求出样本的和数组,再运用数组的数乘运算(除以 n 相当于乘 $\dfrac{1}{n}$)求得样本平均数.

问题 3 计算 2019 级 6 个班的数学期末平均分,能否把各班的数学平均分加起来除以班级个数 6 的方法得出?

解答 不能.应先把各班的平均分乘相应的班级人数得到各班总分后再相加得到全年级总分,再用全年级总分除以全年级总人数得年级平均分.第一步是运用数组的内积运算,第二步是单纯的数值计算.

【教材部分习题解析】

练习 3.2.2

2. 小华、仲明、大志 3 人接力将一桶水搬回教室,已知小华行进速度为 40 m/min,走了 3.5 min;仲明行进速度为 30 m/min,走了 2 min;大志行进速度为 50 m/min,走了 3 min.试用数组运算求他们平均每人行进了多少米?

解答 设 3 人的行进速度数组为 $\boldsymbol{a}=(40,30,50)$,行进时间数组为 $\boldsymbol{b}=(3.5,2,3)$,由路程＝速度×时间,符合数组的内积计算公式条件,得 3 人总行进路程为 $\boldsymbol{a}\cdot\boldsymbol{b}=40\times3.5+30\times2+50\times3=350(\text{m})$,故 3 人平均每人行进了 $\dfrac{350}{3}\approx117(\text{m})$.

习　题　3.2

A　组

1. 某校期中考试后 2019 级 6 个班的英文打字平均成绩(字/min)及班级人数如下表,试用数组运算求出全年级的英文打字平均成绩.

班级	打字平均速度	班级人数
1 班	105	40
2 班	110	37
3 班	95	35
4 班	86	41
5 班	92	38
6 班	108	35

分析　本题属于"已知总体中的各个样本平均数和样本容量,求总体的平均数"问题,要记住用各班打字平均速度相加后再除以班级数 6 来计算年级平均成绩是不正确的,应该先求样本均值数组(各班打字平均速度)和样本容量数组(各班人数)的内积(是一个数值),得到全年级总成绩,再通过简单的数值计算(除以全年级总人数 m,相当于乘 $\dfrac{1}{m}$)得到全年级的平均成绩.

解答　全年级打字平均成绩为

$$\frac{\boldsymbol{a} \cdot \boldsymbol{b}}{m} = \frac{(105, 110, 95, 86, 92, 108) \cdot (40, 37, 35, 41, 38, 35)}{40 + 37 + 35 + 41 + 38 + 35} \approx 99(字/min);$$

2. 某商店第一季度某品牌商品销售情况如下表所示:(销售量单位:件;售价单位:元)

月份	运动套装		旅游鞋		女职业套装		男西服套装	
	数量	售价	数量	售价	数量	售价	数量	售价
1	40	220	45	250	80	400	30	600
2	45	230	50	280	60	380	45	700
3	35	260	35	260	100	500	35	650

(1) 试用数组运算求每月的销售额,并用表格表示这 3 个月的销售金额;

(2) 试用数组运算求第一季度四类商品的月平均售价(即求样本均值 $\bar{x}$).

分析　(1) 销售额=销售数量×售价,运用数组的内积计算每月的销售额:销售额=运动套装数量×售价+旅游鞋数量×售价+女职业套装数量×售价+男西服套装数量×售价;(2) 每类商品的月平均售价 $= \dfrac{\text{这类商品的 3 个月的总售价}}{\text{这类商品 3 个月的销售数量}}.$

解答 （1）设 1 月份 4 种商品数量数组为 $a_1 = (40, 45, 80, 30)$，1 月份 4 种商品销售单价数组为 $b_1 = (220, 250, 400, 600)$，则 1 月份的销售总额为

$$a_1 \cdot b_1 = 40 \times 220 + 45 \times 250 + 80 \times 400 + 30 \times 600 = 70\,050（元）;$$

设 2 月份 4 种商品数量数组为 $a_2 = (45, 50, 60, 45)$，2 月份 4 种商品销售单价数组为 $b_2 = (230, 280, 380, 700)$，则 2 月份的销售总额为

$$a_2 \cdot b_2 = 45 \times 230 + 50 \times 280 + 60 \times 380 + 45 \times 700 = 78\,650（元）;$$

设 3 月份 4 种商品数量数组为 $a_3 = (35, 35, 100, 35)$，3 月份 4 种商品销售单价数组为 $b_3 = (260, 260, 500, 650)$，则 3 月份的销售总额为

$$a_3 \cdot b_3 = 35 \times 260 + 35 \times 260 + 100 \times 500 + 35 \times 650 = 90\,950（元）.$$

所以 1 到 3 月份的销售总额数组为 $c = (70\,050, 78\,650, 90\,950)$，如表 3-5 所示（数量单位:件;售价单位:元/件）.

表 3-5

月份	运动套装		旅游鞋		女职业套装		男西服套装		每月销售总额
	数量	售价	数量	售价	数量	售价	数量	售价	
1	40	220	45	250	80	400	30	600	70 050
2	45	230	50	280	60	380	45	700	78 650
3	35	260	35	260	100	500	35	650	90 950

（2）运动套装的月平均售价为

$$\overline{x}_1 = \frac{a \cdot b}{n} = \frac{(40, 45, 35) \cdot (220, 230, 260)}{40 + 45 + 35} = \frac{40 \times 220 + 45 \times 230 + 35 \times 260}{120}$$

$$= \frac{28\,250}{120} \approx 235（元）;$$

旅游鞋的月平均售价为

$$\overline{x}_2 = \frac{a \cdot b}{n} = \frac{(45, 50, 35) \cdot (250, 280, 260)}{45 + 50 + 35} = \frac{45 \times 250 + 50 \times 280 + 35 \times 260}{130}$$

$$= \frac{34\,350}{130} \approx 264（元）;$$

女职业套装的月平均售价为

$$\overline{x}_3 = \frac{a \cdot b}{n} = \frac{(80, 60, 100) \cdot (400, 380, 500)}{80 + 60 + 100} = \frac{80 \times 400 + 60 \times 380 + 100 \times 500}{240}$$

$$= \frac{104\,800}{240} \approx 437（元）;$$

男西服套装的月平均售价为

$$\bar{x}_4 = \frac{\boldsymbol{a} \cdot \boldsymbol{b}}{n} = \frac{(30,45,35) \cdot (600,700,650)}{30+45+35} = \frac{30 \times 600 + 45 \times 700 + 35 \times 650}{110}$$

$$= \frac{72\ 250}{110} \approx 657\ (元).$$

B　　组

请设计一个表格来表示 2019 年上半年你家每月使用水、电、煤气的实际数量,并用数组运算求:(1) 2019 上半年你家分别使用水、电、煤气的总数量;(2) 2019 上半年你家平均每月分别使用水、电、煤气的数量;(3) 2019 上半年你家使用水、电、煤气支付方面平均每月的费用.

分析　(1) 先把每个月家里使用水、电、煤气的数量用 3 维数组表示出来,再把这 6 个数组求和,可得第(1)问答案.

(2) 2019 上半年你家平均每月分别使用水、电、煤气的数量数组

$$= \frac{第(1)问答案(即\ 2019\ 上半年你家分别使用水、电、煤气的总数量数组)}{6(月份数)}$$

$$= \frac{1}{6} \times 第(1)问答案(即\ 2019\ 上半年你家分别使用水、电、煤气的总数量数组).$$

(3) 用第(1)问答案(即 2019 上半年你家分别使用水、电、煤气的总数量数组)与相应单价数组求内积,得 2019 上半年使用水、电、煤气的总价(数值),再除以 6 得到 2019 上半年你家使用水、电、煤气支付方面平均每月的费用.(具体数据由个人采集)

【技能训练与自我检测】

技能训练与自我检测题 3.2

A　　组

1. 设数组 $\boldsymbol{a} = (-5,0,4,3)$,$\boldsymbol{b} = (2,-1,2,4)$,$\boldsymbol{c} = (5,3,-7,6)$,试计算:(1) $\boldsymbol{a} - 2\boldsymbol{b} + \boldsymbol{c}$;(2) $\boldsymbol{a} \cdot \boldsymbol{b}$;(3) $(\boldsymbol{a}+\boldsymbol{b}) \cdot \boldsymbol{c}$;(4) $\boldsymbol{a} \cdot \boldsymbol{c} + \boldsymbol{b} \cdot \boldsymbol{c}$.

2. 某地一旅游公司第一季度接待的前往国内某些旅游城市的游客数量及双飞价格情况如表所示:(游客数量单位:人;价格单位:千元/人)

月份	海南岛		厦门		北京		上海	
	数量	价格	数量	价格	数量	价格	数量	价格
1	40	2.9	45	1.6	30	3.8	50	1.8
2	55	3.5	50	2.2	35	4.5	65	2.5
3	25	2.7	35	1.5	15	3.2	35	2.1

（1）试用数组表示每月的旅游收入，并在表格最后增加一列，把每个月总旅游收入填入其中.

（2）试用数组运算求第一季度到四个城市旅游的游客所付的平均价格（即求 4 个样本均值 $\bar{x}$）.

B 组

1. 请自行根据上学期期末体育老师测试结果，按班级统计并设计出一张本校二年级某体育老师所教 5 个班学生的身高（150～160，161～170，171～180，181 以上，共 4 档，单位：cm）、体重（43～50，51～55，56～60，60 以上，共 4 档，单位：kg）及 50 米跑测试成绩（$7''\sim 8''$，$8''\sim 9''$，$9''\sim 10''$，$10''$ 以上，共 4 档）的分档人数数据表.

2. 求出第 1 题中 5 个班的平均身高、平均体重和 50 米跑测试平均成绩.

3.3　数据表格的图示

【帮你读书】

1. 数据表格的图示有许多种,教材介绍的饼图、柱形图、折线图是最常用的三种.

2. 虽然数据表格的各种图示都是对数据更直观的表现,但每种图示都有其特点.饼图反映数据中各项所占的百分比,或者某个单项占总体的比例.使用饼图便于查看整体与个体之间的关系;柱形图用来显示一段时间内数据的变化或者描述各个项目之间数据比较的图示;折线图将同一数据系列的数据点在图中用直线连接起来,以显示等间隔数据的变化趋势.

3.(1) 制作饼图的步骤:

第一步:列出数据比例表.

第二步:根据数据比例,将圆的中心角 360° 划分成相应的几部分.

第三步:作饼图.按照各类所对应的中心角的度数,把圆划分成相应的扇形,涂上不同的颜色.并在图的右边标注不同颜色所对应的类别,在图的上方写上标题.

(2) 制作柱形图的步骤:

第一步:选取适当的比例(纵坐标的最大值取为:数据的最大值乘四分之五),作直角坐标系.

第二步:作图.

在坐标系中分别作相应的并排等宽矩形(宽取适当比例),涂上不同的颜色.并在图的右边标注不同颜色所对应的类别,在图的上方写上标题.

(3) 制作折线图的步骤:

第一步:选取适当的比例(纵坐标的最大值取为:把数据的最大值乘四分之五;选取一定长度的横坐标,平均分成相应的段数),作直角坐标系.

第二步:作图.

在每段的中点上,分别选取各数据为纵坐标作相应的点,两点之间用线段连接.并在横坐标的每一段分别写上各类别,在图的上方写上标题.

【教材疑难解惑】

1. 数据表格的图示除了饼图、柱形图、折线图外,还有什么?

解答 数据表格的图示除了饼图、柱形图、折线图外,还有条形图、面积图、散点图、圆环图、股价图等,而饼图、柱形图、折线图是最常用的三种.

2. 教材中,表 3-13 数据比例表最后一行的比例是怎么算的?

解答 先算出总销售额 = 400+600+800+300 = 2 100,再把各类的数值除以总销售额,得到的数即为各类的比例数.如:服装类所占比例为 $\frac{400}{2\ 100} \approx 0.19 = 19\%$,食品类所占比例为 $\frac{600}{2\ 100} \approx 0.29 = 29\%$,家电类所占比例为 $\frac{800}{2\ 100} \approx 0.38 = 38\%$,文化类所占比例为 $\frac{300}{2\ 100} \approx 0.14 = 14\%$.

【典型问题释疑】

问题 分别在什么情况下使用饼图、柱形图、折线图?

解答 当你需要了解某个单项占总体的比例,查看整体与个体之间的关系时,使用饼图;当你需要知道各个数据之间的差别或者对各个项目之间的数据进行比较时,则使用柱形图;当你需要通过现有的数据,预测未来的发展趋势时,使用折线图更合适.

【教材部分习题解析】

习 题 3.3

A 组

2. 根据第十八届亚运会的奖牌榜,(1)制作中国金牌、银牌、铜牌的饼图.(2)制作前五名国家金牌的柱形图.(3)制作前五名国家金牌、银牌、铜牌的折线图.

解答 (1)中国金牌、银牌、铜牌的数据比例表(表 3-6)如下:

表 3-6

	金牌	银牌	铜牌	总数
中国	132	92	65	289
比例	0.46	0.32	0.22	1.00

根据数据比例,将圆的中心角 360° 划分成三部分.

金牌:　　　　　　0.46×360° = 165.6°

银牌:　　　　　　0.32×360° = 115.2°

铜牌:　　　　　　0.22×360° = 79.2°

按照金牌、银牌、铜牌的中心角的度数,把圆划分成三个扇形,涂上不同的颜色,并在图的右边标注不同颜色所对应的类别,在图的上方写上标题,如图 3-1 所示.

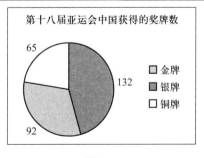

图 3-1

（2）选取适当的比例,作直角坐标系(纵坐标的最大值取为 $132×\dfrac{5}{4}$,取整为 160),在坐标系中作 5 个高分别为 132,75,49,31,21(宽取适当比例)的并排等宽矩形,涂上不同的颜色,并在图的右边标注不同颜色所对应的类别,在图的上方写上标题,如图 3-2 所示.

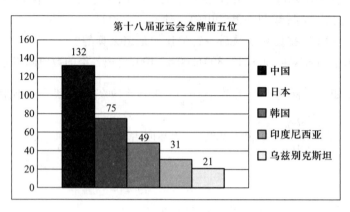

图 3-2

（3）金牌的折线图

选取适当的比例,作直角坐标系(纵坐标的最大值取为 $132×\dfrac{5}{4}$,取整为 160),选取一定长度的横坐标,平均分成五段.在每段的中点上,分别选 132,75,49,31,21 为纵坐标作 5 个点,两点之间用线段连接,并在横坐标的每一段分别写上中国、日本、韩国、印度尼西亚、乌兹别克斯坦,在图的上方写上标题,如图 3-3 所示.

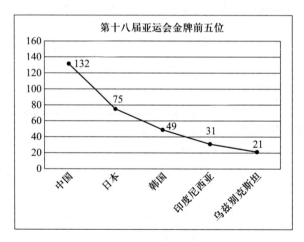

图 3-3

B 组

（2）根据某商店销售人员 5 月份销售统计表，制作营业员辛奇销售的饼图.

解答 计算辛奇销售商品的数据比例、中心角角度，如下表（表 3-7）：

表 3-7

	空调	彩电	冰箱	饮水机	电脑	总数
辛奇	8	8	9	7	12	44
比例	0.181 8	0.181 8	0.204 5	0.159 1	0.272 7	1.00
中心角（度）	65.5	65.5	73.6	57.3	98.2	360.0

按照空调、彩电、冰箱、饮水机、电脑的中心角的度数，把圆划分成五个扇形，涂上不同的颜色，并在图的右边标注不同颜色所对应的产品类别，在图的上方写上标题，如图 3-4 所示.

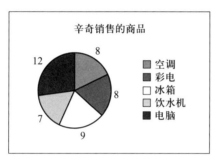

图 3-4

【技能训练与自我检测】

技能训练与自我检测题 3.3

A 组

1. 填空题：

（1）数据表格的图示能使人们对数据间的比例、变动幅度等的理解 _____、_____，常用的数据表格的图示有_____，_____，_____.

（2）饼图、柱形图、折线图的作用是不同的，饼图能够反映_____；柱形图是用来显示_____；折线图是显示_____.

（3）制作柱形图和折线图时，纵坐标的最大值取法为_____.

2. 商店经营四类商品，四个月的销售额如表所示：

某商店四个月的销售额

月份	销售额（千元）			
	甲	乙	丙	丁
1	250	200	300	600
2	200	100	500	800
3	160	300	400	750
4	300	250	500	500

（1）制作甲类商品 1 月、4 月的饼图；

（2）制作 1 月份甲、乙、丙、丁四类商品的柱形图；

（3）制作 4 月份甲、乙、丙、丁四类商品的折线图.

B　　组

小明一年级的 4 次数学测验和期末考试成绩分别为：80，85，78，90，92.

（1）制作小明 5 次数学成绩的饼图；

（2）制作小明 5 次数学成绩的折线图.

3.4 数据表格应用举例

【帮你读书】

1. 用计算器进行数组数字计算按键操作时,注意"="不能多按.事实上,用计算器计算数组还是不够方便,实际操作中应尽量使用计算机 Excel 软件中有关函数命令来完成.

2. 若要把数组计算的结果扩充到原数据表格中,新增的行或列不要破坏原表格的整体协调性,同时,还要考虑到数字单位的统一.

3. 数据表格的加工用到的数学工具主要有数组运算,包括数组的加运算、减运算、数乘运算和内积运算,在具体计算时,用到等比数列模型和指数函数模型.

【教材疑难解惑】

1. 案例 1 第(2)小题中的绩效工资比例是由数组运算得来的吗? 如何算得的?

解答 这道题的绩效工资比例不是由数组运算得来的,而是直接运用计算器,根据公式 "绩效工资比例 $= \dfrac{每人绩效工资}{每人实发工资} \times 100\%$" 分别算得的.在数据表格的数字处理中,并不是全都要用到数组运算.

2. 案例 2 第(4)小题的表格整合和扩充中能否把最后两行改为最后两列摆放?

解答 不能.若把最后两行改为最后两列摆放,会使表格中的数据看上去比较凌乱,破坏了原数据表格的简洁性和逻辑性.

【典型问题释疑】

问题 为什么用计算机软件很容易处理的数据表格还要求用数组运算来解答,是不是简单问题复杂化,多此一举?

解答 不是.计算机软件的设计是根据数学运算原理按步骤编写的,而数组运算是数据表格处理的基本原理,况且生活中很多时候不是随时都能使用计算机的,通过借助计算器辅助数组运算来处理数据表格有时很实用.

【教材部分习题解析】

练习 3.4.1

1. 下表数据是某班第一组学生 4 门学科期中考试成绩.请用数组计算各科平均成绩、每人 4 门学科总分及他们 4 门学科的平均分,并把所得数据填入表中.

学号	语文	数学	英语	信息技术	平均成绩
1	80	90	86	96	
2	75	94	43	90	
3	78	86	66	89	

续表

学号	语文	数学	英语	信息技术	平均成绩
4	62	81	71	81	
5	83	85	68	78	
6	75	89	71	92	
7	71	92	82	85	
8	63	85	57	79	
9	52	73	85	78	
10	67	76	89	79	
11	45	79	92	85	
12	80	71	85	74	
课程平均成绩					

解答 （1）第一组学生各科总成绩数组为 $a=(831,1\,001,895,1\,006)$，则第一组学生各科平均成绩 $\bar{x}$ 数组为 $b=\dfrac{1}{12}(831,1\,001,895,1\,006)=(69.25,83.42,74.58,83.83)$（精确到 0.01）;

（2）各人 4 门学科总分数组为 $d=(352,302,319,295,314,327,330,284,288,311,301,310)$;

（3）各人 4 门学科平均分数组为 $e=(88,75.5,79.75,73.75,78.5,81.75,82.5,71,72,77.75,75.25,77.5)$.

练习 3.4.2

1. 某民营企业今年产值为 8000 万元，经过产业升级，预计从明年起的 3 年内，年产值平均增长 12%，求该企业从明年起的 3 年内总产值共是多少万元?

分析　这是一个等比数列模型，如果设今年的数据为 $a_0=8000$ 万元，那么从明年起的 3 年内的数据分别为 a_1,a_2,a_3，三年的总产值等于 $a_1+a_2+a_3$.

解答
$$a_1=8000\times(1+12\%)=8960（万元）,$$
$$a_2=8000\times(1+12\%)^2=10035.2（万元）,$$
$$a_3=8000\times(1+12\%)^3=11239.42（万元）,$$
三年的总产值等于 $a_1+a_2+a_3=30234.62$（万元）.

2. 某厂今年生产轿车 100 万辆，预计今后平均每年增长 10%，求多少年后年产量不少于 160 万辆?

分析　这是一个指数模型，如果设今年的数据为 $a_0=100$ 万元，年增长率为 10%，设 x 年后产量不少于 160 万元，那就是求出 x 的值。

解答　$100\times(1+10\%)^x\geqslant160$，即 $1.1^x\geqslant1.6$，利用计算器算得 $x=\dfrac{\lg 1.6}{\lg 1.1}\approx4.93$，所以求得 5 年后年产量不少于 160 万辆.

习 题 3.4

A 组

1. 试把下列一段文字绘成一张表格：

"我公司 2015 年各季的销售额（单位：万元）分别为 1 540, 1 490, 1 530, 1 620；2016 年各季的销售额（单位：万元）分别为 1 620, 1 650, 1 630, 1 710；2017 年各季的销售额（单位：万元）分别为 1 740, 1 710, 1 680, 1 740；2018 年各季的销售额（单位：万元）分别为 1 690, 1 580, 1 490, 1 520；2019 年各季的销售额（单位：万元）分别为 1 500, 1 520, 1 490, 1 580."

解答 制作表格如表 3-8：

表 3-8 公司 2015 年到 2019 年各季的销售额 （单位：万元）

年份	第一季度	第二季度	第三季度	第四季度
2015	1 540	1 490	1 530	1 620
2016	1 620	1 650	1 630	1 710
2017	1 740	1 710	1 680	1 740
2018	1 690	1 580	1 490	1 520
2019	1 500	1 520	1 490	1 580

2. 在上表的基础上扩充一个栏目"年销售总额".

解答 每年的销售总额数组为（6 180, 6 610, 6 870, 6 280, 6 090）（表 3-9）.

表 3-9 公司 2015 年到 2019 年各季的销售额及年销售总额 （单位：万元）

年份	第一季度	第二季度	第三季度	第四季度	年销售总额
2015	1 540	1 490	1 530	1 620	6 180
2016	1 620	1 650	1 630	1 710	6 610
2017	1 740	1 710	1 680	1 740	6 870
2018	1 690	1 580	1 490	1 520	6 280
2019	1 500	1 520	1 490	1 580	6 090

3. 制作一张 2015 年到 2019 年销售总额的折线图.

解答 根据第 2 题表格数据, 应用第 3.3 节的数据表格图示制作方法得出折线图（图 3-5）：

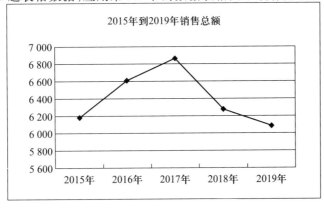

图 3-5

B   组

某市钢铁公司下属的 3 家钢铁厂每天的铁矿石需求量分别为：400 吨、150 吨、250 吨. 公司属下有 2 个铁矿石仓库,据物流部门报价,由第一仓库运往钢铁一厂、钢铁二厂、钢铁三厂的运输费用每吨分别为 150 元、100 元、300 元,由第二仓库运往钢铁一厂、钢铁二厂、钢铁三厂的运输费用每吨分别为 200 元、90 元、400 元.

（1）制作公司内部运输费用表.

（2）制作公司各钢铁厂铁矿石需求表.

（3）制作公司两个铁矿石仓库运输各钢铁厂所需铁矿石到各钢铁厂的总费用表.

解答 （1）公司内部运输费用表如表 3-10.

表 3-10 公司内部运输费用表 （单位：元/吨）

	钢铁一厂	钢铁二厂	钢铁三厂
第一仓库	150	100	300
第二仓库	200	90	400

（2）公司各钢铁厂铁矿石需求量如表 3-11.

表 3-11 铁矿石需求表 （单位：吨）

单位	需求量
钢铁一厂	400
钢铁二厂	150
钢铁三厂	250

（3）每个仓库到各个钢铁厂的运费＝运输单价×运输数量.算出数据填入表 3-12.

表 3-12 公司两个铁矿石仓库运输铁矿石到各钢铁厂的运输费用汇总表 （单位：元）

	钢铁一厂	钢铁二厂	钢铁三厂	总计
第一仓库	60 000	15 000	75 000	150 000
第二仓库	80 000	13 500	100 000	193 500
总计	140 000	28 500	175 000	343 500

【技能训练与自我检测】

技能训练与自我检测题 3.4

A   组

1. 某地区 4 家超市与 2 家仓库之间的鲜奶运输费用如下表：

运输费用表 （运输单价：元）

	超市 1	超市 2	超市 3	超市 4
仓库 1	0.75	1.30	2.80	2.10
仓库 2	1.00	1.90	2.70	2.35

已知各超市每天的鲜奶需求量分别为: 40 箱、50 箱、30 箱、25 箱.

(1) 试用数组 a 表示从仓库 1 运输鲜奶到各超市每天所需的总费用.

(2) 试用数组 b 表示从仓库 2 运输鲜奶到各超市每天所需的总费用.

(3) 试用数组 c 表示两仓库到 4 家超市每天的平均运费(精确到 0.01 元).

(4) 把(1)(2)(3)问结果扩充到表格中,制定一个详细的运输费用汇总表.

2. 某食品公司 2014 年到 2018 年各季度销售额如下表所示: （单位:万元）

时间	第一季度	第二季度	第三季度	第四季度
2014 年	530	490	580	610
2015 年	670	620	650	740
2016 年	680	630	680	750
2017 年	690	580	690	620
2018 年	600	620	460	530

(1) 用数组 a 表示该食品公司从 2014 年到 2018 年每年的总销售额.

(2) 用数组 b 表示该食品公司从 2014 年到 2018 年各季度的年平均销售额.

(3) 若 2019 年全年每季度销售额比 2018 年上升 5%,用数组 c 表示该食品公司 2009 年各季的销售额.

(4) 把(1)(2)(3)问结果扩充到表中,组成"某食品公司 2014 年到 2018 年各季度销售额汇总表".

B　　组

　　请根据上学期全年级各个班语文、数学、英语期末考试的班级平均成绩和各班人数，汇总出一张全年级的成绩汇总表，要求汇总表中含有"各班人数、各班各科平均分、各班 3 科总平均分、年级各科平均分、年级 3 科总平均分"等栏目.

3.5　用软件处理数据表格

【帮你读书】

　　1. 用软件处理数据表格是指在 Excel 中创建表格、处理表格中的数据和根据数据制作图示.

　　2. 在 Excel 中创建表格有 5 个步骤：新建 Excel 工作簿、输入数据、对表格进行适当的修饰、保存工作簿、退出 Excel.

　　3. 处理表格中的数据可以采取多种方法，如在编辑框内直接输入所需公式、运用 Excel 中已有的函数（如常用工具栏内的求和按钮 Σ，或选用【插入】菜单中的【函数】子菜单中的各类函数）、拖曳填充柄进行相同公式的运算等.

　　4. 在 Excel 中制作图表常用的方法有：

（1）使用图表向导创建图表

选定要创建图表的数据区域,单击常用工具栏中的图表向导按钮,根据你的需要,按照图表向导的提示完成制作.

（2）使用图表工具栏创建图表

选定要创建图表的数据区域,单击【视图】菜单中【工具栏】子菜单下的【图表】命令,弹出【图表】工具栏,单击【图表】工具栏上【图表类型】按钮 ⊞ 右侧的下拉箭头,弹出下拉列表框,选中你需要的图形,完成制作.

【教材疑难解惑】

1. 进行数组运算时,为什么要在编辑框内先输入"=",再输入公式? 能不能直接输入公式?

解答 不能直接输入公式,必须先输入"=",再输入公式.因为先输入"=",表明接下来输入的是公式,而不是文本,否则,系统会认为输入的是文本,不会按照公式进行计算.

2. 教材本节的例 3 中,在"值"文本框中输入数据系列的值"={20 135,26 000,35 800}",和在"分类（X）轴标志"文本框中输入数据系列的分类标志"={"2006 年","2007 年","2008 年"}"的形式为什么不一样?

解答 输入的格式为：={数据 1,数据 2,数据 3,…}.若输入的数据为数值,则数据不用加引号,若输入的数据为文本,则数据要加引号.如数值输入方式为"={20 135,26 000,35 800}",文本输入方式为"={"2006 年","2007 年","2008 年"}".

【典型问题释疑】

问题 1 没有数据表格,只有几组数组,怎样在 Excel 中创建图表?

解答 没有数据表格,可在【图表向导-4 步骤之 2-图表数据源】对话框中直接输入数据.如教材例 3 中,在【图表向导-4 步骤之 2-图表数据源】对话框中,先切换到【系列】选项卡下,单击【添加】按钮,然后在"名称"文本框中输入标题名称"近三年上海市人均收入",在"值"文本框中输入数据系列的值"={20 135,26 000,35 800}",在"分类（X）轴标志"文本框中输入数据系列的分类标志"={"2006 年","2007 年","2008 年"}".

问题 2 在 Excel 中,除了求和函数外,还有什么常用函数?

解答 Excel 中求和按钮 Σ· 右侧的下拉菜单按钮 · 有平均数、最大值、最小值、计数等函数.

【教材部分习题解析】

习 题 3.5

A 组

2. 根据某宾馆 2016 年到 2018 年各季度营业收入表,用 Excel 来制作该表.

（2）试用数组 *a* 表示该宾馆 2019 年各季的营业收入;

（3）试用数组 *b* 表示该宾馆 2016 年到 2019 年各季度的平均营业收入;

（4）制作数组 *a* 和数组（第一季度,第二季度,第三季度,第四季度）的饼图.

解答 （2）步骤 1：选中 B38 单元格,输入"a =".

步骤 2：选中 C38 单元格→点击编辑框，在编辑框内输入"＝"→选中 C37→在编辑框内输入" ＊115%"→在编辑栏中单击✓.

步骤 3：点中填充柄(按住不放)，拖至 F38，如图 3-6 所示.

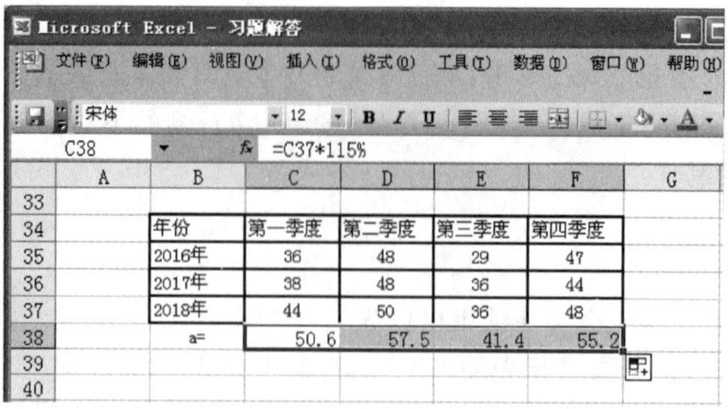

图 3-6

(3) 步骤 1：选中 B39 单元格，输入"b＝".

步骤 2：选中 C39 单元格→单击 *fx*，弹出插入函数对话框(图 3-7)，选择"AVERAGE"(计算平均值)，单击确定按钮，弹出函数参数对话框(图 3-8)→选中 C35 至 C38，单击确定按钮.

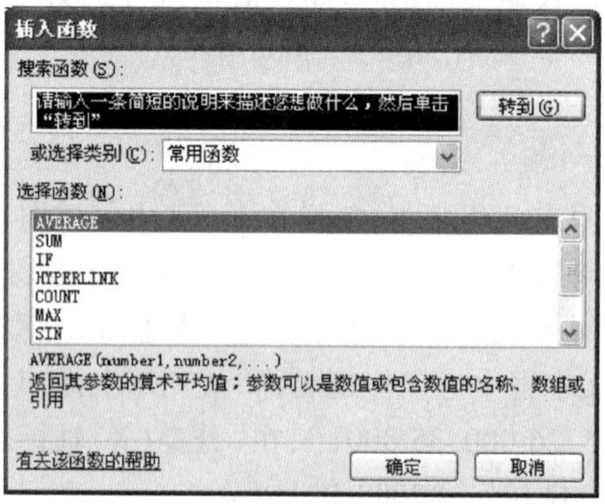

图 3-7

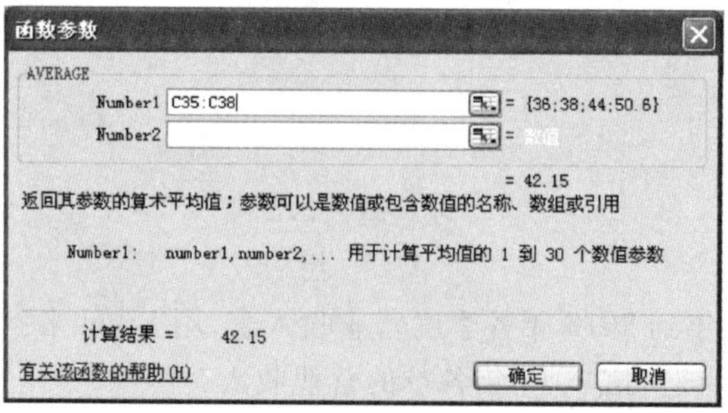

图 3-8

步骤 3：点中填充柄(按住不放),拖至 F39,如图 3-9 所示.

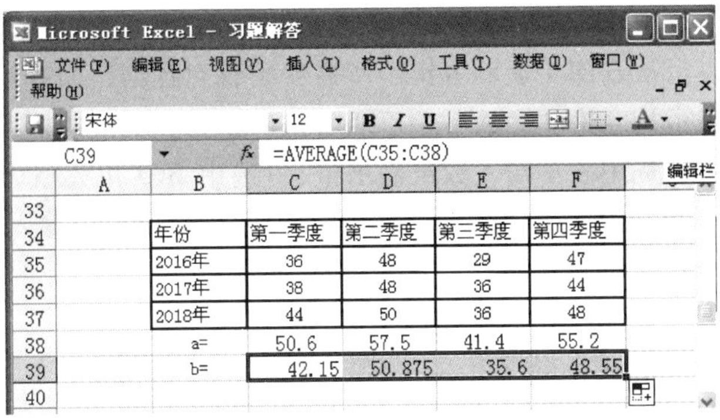

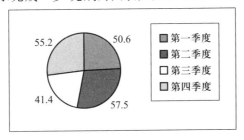

图 3-9

(4) 数组 *a* 的饼图：

选中数组 *a*,单击常用工具栏中的图表向导按钮▦,弹出【图表向导-4 步骤之 1-图表类型】对话框.按照图表向导的提示完成 4 步.完成的图表如图 3-10 所示.

图 3-10

数组第一季度的饼图操作如下：

单击常用工具栏中的图表向导按钮▦,弹出【图表向导-4 步骤之 1-图表类型】对话框,选择图表类型(饼图)→单击【下一步】按钮,弹出【图表向导-4 步骤之 2-图表数据源】对话框,切换到【系列】选项卡下→单击【添加】按钮,然后在"名称"文本框中输入标题名称"第一季度",在"值"文本框中输入数据系列的值"={36,38,44}",在"分类(X)轴标志"文本框中输入数据系列的分类标志"={"2016","2017","2018"}"→按照图表向导继续进行操作,直至完成图表,如图 3-11 所示.

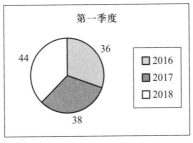

图 3-11

B　　　组

2. 根据某市 3 家钢铁厂与 2 家仓库之间的运输铁矿石费用表,用 Excel 来制作该表.

（2）试用数组 a 表示从仓库 1 运输各钢厂所需铁矿石到各钢厂的费用.

（3）试用数组 b 表示从仓库 2 运输各钢厂所需铁矿石到各钢厂的费用.

解答　（2）先在运输费用表下输入数组需求量,→选中 B63 单元格,输入"a ="→选中 C63 单元格→点击编辑框,在编辑框内输入" ="→选中 C60→在编辑框内输入" ＊ "→选中 C62→在编辑栏中单击✓→点中填充柄(按住不放),拖至 E63,如图 3-12.

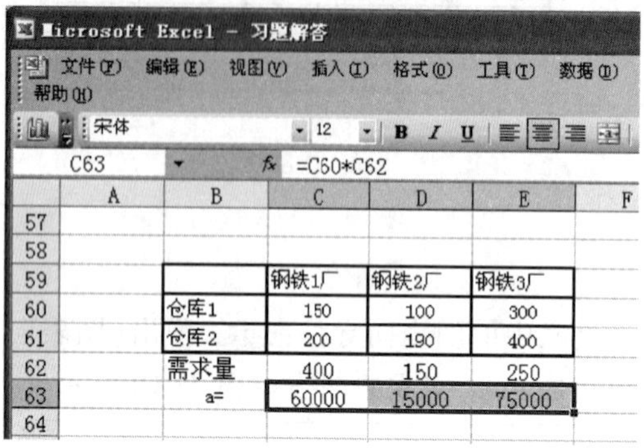

图 3-12

（3）操作类似(2),结果如图 3-13.

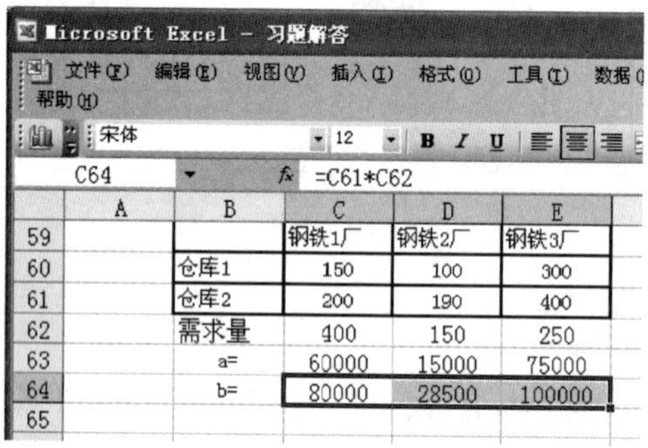

图 3-13

【技能训练与自我检测】

技能训练与自我检测题 3.5

A　　　组

1. 某机电公司四种产品,四个月的销售额如下表所示:

月份	销售额(万元)			
	电机	变压器	线缆	控制柜
1	31	12	14	3
2	15	7	1	7
3	21	10	2	12
4	8	4	1	6

（1）在 Excel 中制作该表；

（2）试用数组 *a* 表示该公司 1 到 4 月份的各种商品的总销售额；

（3）若生产各种产品的成本是销售额的 60%，试用数组 *b* 表示该公司 1 到 4 月份的各种商品的总成本额；

（4）试用数组 *c* 表示各种产品 1 到 4 月份的总利润额；

（5）试用数组 *e* 表示各类商品 1 到 4 月份的平均利润额；

（6）制作该公司四种产品利润额的饼图.

2. 某校一年级 3 个班级期中考试前十名的成绩为：1 班：96,93,90,90,89,87,85,84,82, 81；2 班：98,96,95,87,83,82,80,80,79,78；3 班：92,91,90,88,87,87,82,80,80,78；

（1）把 3 个班级期中考试前十名的成绩设计成表格并在 Excel 中制作该表.

（2）试用数组 *a* 表示三个班级的总成绩；

（3）试用数组 *b* 表示三个班级的平均成绩；

（4）制作 1 班学生成绩的柱形图；

（5）制作数组 *b* 的柱形图.

3. 在 Excel 制作班期中考试语文、数学、英语总成绩前十名同学的成绩表,并且:(1)试用数组 a 表示该十名同学语文、数学、英语的平均成绩;(2)制作该十名同学数学成绩的柱形图;(3)制作数组 a 的饼图.

B　组

某业务员 2019 年上半年每月承接的订单量分别为(单位:万件):30,25,40,20,28,50;若每件可为公司赚取利润 0.5 元,而业务员可获得利润的 1% 作为报酬;在 Excel 中,

(1)试用数组 a 表示该业务员上半年承接的订单量;

（2）试用数组 b 表示公司上半年获得的利润；

（3）试用数组 c 表示该业务员上半年获得的报酬；

（4）把数组 a,b,c 制作成表格；

（5）若该公司为了提高员工的积极性,实行改革.订单量超过 20 万件的,超过部分将增加 1% 作为报酬,试用数组 d 表示该业务员改革后上半年获得的报酬;并作出数组 d 的折线图.

章复习问题

1. 举例说明什么是文字数组和数字数组,表格的制作有哪些基本要求?

2. 数组的运算有哪些? 举例说明.

3. 什么是数组的维数? 数组的内积是不是数组? 为什么?

4. 数组的运算律有哪些?

5. 为什么要制作数据表格的图示? 常用的图示有哪些? 它们的作用分别是什么?

6. 如何制作饼图、柱形图、折线图?

7. 如何在 Excel 中制作表格,并进行数组的运算?

8. 如何利用图表向导和图表工具栏创建图表?

章自我检测题

第 3 章检测题

A　　组

1. 选择题：（每题 5 分,共 20 分）

（1）下面是数字数组的是(　　).

A. 34　　　　　　　　B.（王敏,赵波,胡俊）　　　C.（90,92）　　　D. 胡俊

（2）已知 $a=(1,2,1)$,$b=(-2,1,2)$,则 $a \cdot b=($ 　　）.

A.（-2,2,2）　　　　B. 2　　　　　　　　　C.（-1,3,3）　　　D. 4

（3）饼图、柱形图、折线图的作用是不相同的,柱形图的作用是(　　).

A. 反映出数据中各项所占的百分比

B. 查看整体与个体之间的关系

C. 显示数据的变化趋势

D. 显示一段时间内数据的变化或者描述各个项目之间数据比较

（4）在 Excel 中 是(　　)按钮.

A. 图表向导　　　　B. 函数　　　　　　　C. 求和　　　　　　D. 图表类型

2. 填空题:(每空 5 分,共 30 分)

（1）已知数组 $a=(4,12,5)$,$b=(10,16,12)$,则 $2a+b=$ _____,$a-\dfrac{1}{2}b=$ _____;

（2）已知数组 $a=(2,5,4)$,$b=(1,-3,6)$,$c=(2,3,5)$,则 $a \cdot (b+2c)=$ _____;

（3）李小华到文具店购买文具,买了练习本 8 本,每本 0.5 元;橡皮 2 块,每块 0.8 元;圆珠笔 4 支,每支 1.5 元;铅笔 5 支,每支 0.4 元.用数组 a 表示李小华购买的各类文具数,用数组 b 表示各类文具的单价,则 $a=$ _____,$b=$ _____,$a \cdot b=$ _____.

3. 某校高一年级 4 个班级数学期末考试平均成绩和人数分别为:1 班:74 分,42 人;2 班:76 分,40 人;3 班:80 分,45 人;4 班:85 分,35 人.

（1）分别用数组 a 和数组 b 表示该校高一年级各班数学平均成绩和人数;

（2）试用数组的运算求高一年级的数学平均分;

（3）制作数组 a 的柱形图;

（4）若在分析试卷时发现,4 班和 1 班的同学应每人加 3 分,而 3 班应每人扣 5 分,试用数组 c 表示新的数学平均成绩,并用数组的运算重新计算高一年级的数学平均分.(20 分)

4. 某超市蔬菜柜台 1 月蔬菜的销量和单价分别为：白菜：200 kg，3 元/kg；土豆：75 kg，3.6 元/kg；丝瓜：25 kg，7.2 元/kg；萝卜：100 kg，1.6 元/kg；黄瓜：50 kg，5 元/kg. 2 月蔬菜的销量和单价分别为：白菜：150 kg，4 元/kg；土豆：100 kg，3 元/kg；丝瓜：40 kg，9 元/kg；萝卜：75 kg，1 元/kg；黄瓜：75 kg，6 元/kg. 3 月蔬菜的销量和单价分别为：白菜：175 kg，2 元/kg；土豆：50 kg，2.4 元/kg；丝瓜：50 kg，6 元/kg；萝卜：50 kg，1.6 元/kg；黄瓜：100 kg，4 元/kg.

（1）制作该超市第一季度蔬菜销售量和单价表；

（2）试用数组 *a* 表示该超市 1 月各蔬菜销售额；

（3）试用数组 *b* 表示该超市 2 月各蔬菜销售额；

（4）试用数组 *c* 表示该超市 3 月各蔬菜销售额，并用数组 *d* 表示该超市第一季度各蔬菜销售额；

（5）试用数组 *e* 表示该超市 1—3 月蔬菜销售总额；

（6）制作数组 *d* 的饼图和 *e* 的柱形图.（30 分）

B 组（附加题 10 分）

1. 在 Excel 中完成 A 组中的第 4 题.

2. 制作你的语文、数学、英语的中考成绩和进入职校后第一年的期中、期末成绩表，并分别用数组 *a，b* 表示语文、数学、英语的平均成绩和数学的三次成绩；并制作数组 *b* 的折线图.

第4章 编制计划的原理与方法

4.1 编制计划的有关概念

【帮你读书】

1. 工作明细表是一种表格,它将实际任务分栏列出,并将完成时间及代号一一对应地列出,这种表格能清晰完整地表达完成某一项工作的任务与时间的关系.

2. 工作流程图是通过适当的符号记录全部工作事项来描述工作活动流向顺序的图.工作流程图由一个开始点、一个结束点及若干中间环节组成,中间环节的每个分支也都要求有明确的分支判断条件,所以,工作流程图对于工作流程标准化有着很大的帮助.

3. 紧前工作.在网络图中,相对于某工作而言,紧排在该工作之前的工作叫做该工作的紧前工作.紧后工作一般指开始时间取决于其他工作的工作.

4. 在编制计划的过程中,若出现两项可以同时进行的工作,那么这样的工作叫做平行工作;有时为了说明问题的需要,人为地设置一些虚拟的工作,我们把它们叫做虚工作.平行工作的目的是调整计划以达到优化,虚工作的出现有利于表明紧后工作与紧前工作的关系.

【教材疑难解惑】

1. 绘制工作流程图有没有规律可循?

解答 绘制工作流程图要具备一定的耐心,尤其是那种复杂而庞大的流程图.在绘制过程中应把握以下三个规律:

第一,先难后易.流程图一般越到后半部分就越复杂,做起来难度大一些,在绘制时,应逆向着手,先把整个图的框架搭起来,剩下的就非常容易了.

第二,先排后线.先将工作明细表的工序按照完成工作的顺序,设置节点,待整个图的节点定位后,再进行连线,这样可以减少调整的工作量.

第三,先定后调.先将流程图中的所有的步骤设置好,将活动代号填入,进行整体梳理,然后计算工作总工期,对工序进行优化调整,避免混淆.

2. 虚工作是什么意思? 有什么作用?

解答 虚工作是指在工作流程图中只表示前后相邻工作之间的逻辑关系,既不占用时间,也不耗用资源的虚拟的工作.虚工作用虚箭线来表示.虚工作不是一项正式的工作,而是在绘制网络图时根据逻辑关系的需要而增设的,其作用是帮助正确表达工作间的关系,避免逻辑错误.

虚工作不"虚",它的缺失会引起网络计划的逻辑混乱甚至错误,它的过度使用会造成图面繁杂、逻辑复杂、计算烦琐.因此,虚工作的使用要恰如其分.此外,还应注意在增加虚工作后是否出现新的错误,不能顾此失彼.

3. 紧前工作、紧后工作与平行工作的概念有什么区别？

解答 紧前工作是指紧接在某工作之前的工作.紧前工作不结束,则该工作不能开始.紧后工作是指紧接在某工作之后的工作.紧前工作不结束,其紧后工作不能开始.平行工作是指能与某工作同时进行的工作.

【典型问题释疑】

问题 1 4.1 节的图 4-2 中有一个虚箭线,它有什么作用？ 是否有其他的画法？

解答 虚箭线表示的虚工作是在工作流程图中只表示前后相邻工作之间的逻辑关系,既不占用时间,也不耗用资源的虚拟的工作.但在这里又不能缺少,如果没有此虚箭线,就违背了一个工作流程图只能有一个终点的规定.图 4-2 中的虚箭线可以有其他的画法,例如把这个虚箭线的箭头改为指向 D 的箭尾.

问题 2 为什么可以把 4.1 节中的工作 A 分解为两个工作 A_1 与 A_2？ 有什么作用？

解答 编制计划的方法是一种在日常工作与工程项目中广泛应用的实用方法,并不是为编制而编制,在本问题中,工作 A 由一个人完成需要 3 小时,由于工作 A 可以由两个人共同完成,而事实上有大双和小双两个人,因此可以分解为两个工作 A_1 与 A_2.这种分解可充分利用劳动力资源,从而达到减少总工期的作用.

【教材部分习题解析】

习 题 4.1

B 组

2. 刘敏明要骑自行车去新华书店买书,外出之前他必须做完下面几件事：A：给自行车打气（2 分钟）,B：整理房间（7 分钟）,C：穿鞋系鞋带（1 分钟）,D：放水并把衣服放进洗衣机（1 分钟）,E：洗衣机自动洗涤（12 分钟）,F：晾衣服（5 分钟）.

（1）试分析上列各项工作之间的先后关系,并画出整个活动的工作流程图.

（2）试问最短需几分钟能完成全部工作？

分析 首先要根据生活经验对 6 项工作作认真的思考,分析各项工作之间的关系,尤其要找出有先后关系且花费时间最长的那些工作.

解答 上列各项活动代号、工作内容及工时列表,得表 4-1.

表 4-1

活动代号	工作内容	工时（分钟）
A	给自行车打气	2
B	整理房间	7
C	穿鞋系鞋带	1
D	放水并把衣服放进洗衣机	1
E	洗衣机自动洗涤	12
F	晾衣服	5

（1）A，B，C 与 E 是平行工作，A，B，C 存在先后关系，D，E，F 存在先后关系.
工作流程图如图 4-1 所示.

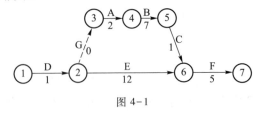

图 4-1

（2）最短需 18 分钟能够完成全部工作.

【技能训练与自我检测】

技能训练与自我检测题 4.1

A　　组

1. 在编制计划的过程中，出现了两项可以同时进行的工作，这样的工作叫做＿＿＿＿＿＿＿＿＿；为了说明问题，需要人为地设置一些虚拟的工作，叫做＿＿＿＿＿＿＿＿.平行工作的目的是＿＿＿＿＿＿＿＿＿＿＿＿＿＿＿＿，虚工作的出现有利于表明＿＿＿＿＿＿＿＿＿与＿＿＿＿＿＿＿＿＿的关系.

2. 在流感流行期间，校医疗队决定组建一支救护队，帮助在校学生在最短时间内吃完药后休息.救护队的一个队员需要做以下几项工作：A：拿杯子倒开水（1 分钟），B：等开水降温（6 分钟），C：拿感冒药（1 分钟），D：量体温（5 分钟）.试分析上列各项工作之间的先后关系，画出整个活动的工作流程图，并算一算学生休息前最少需要等待多长时间？

B　　组

李涛参加学校乒乓球队，每次训练时，需要完成以下几项任务：A：更换衣服（3 分钟），B：更换鞋子（2 分钟），C：取球拍（1 分钟），D：准备活动（4 分钟），E：看黑板上的训练内容（2 分钟）.试分析上列各项工作之间的先后关系，画出整个活动的工作流程图，并说明怎么安排，才能使李涛尽快投入训练？

4.2 关键路径法

【帮你读书】

1. 关键路径法将项目分解成为多个独立的活动并确定每个活动的工期,然后用逻辑关系将活动连接,从而能够计算项目的工期和总工期.

2. 对于一个项目而言,只有项目网络中最长的或耗时最多的活动完成之后,项目才能结束,这条最长的活动路线就叫做关键路径,组成关键路径的活动叫做关键活动.关键路径法的通常做法是:

(1) 将项目中的各项活动视为一个有时间属性的节点,从项目起点到终点进行排列.

(2) 用有方向的线段(从左向右)标出各节点的紧前工作和紧后工作的关系,使之成为一个有方向的网络图.

(3) 找出关键路径.

3. 关键路径的特点有:

(1) 关键路径上的活动时间决定了项目的工期,关键路径上所有活动的持续时间的总和就是项目的工期.

(2) 关键路径上的任何一个活动都是关键活动,其中任何一个活动的延迟都会导致项目完工时间的延迟.

(3) 关键路径上的耗时是可以完工的最短时间量,若缩短关键路径的总耗时,会缩短项目的工期;反之,则会延长项目的工期.如果缩短非关键路径上的各个活动所需要的时间,则不一定会影响项目的完工时间.

(4) 在关键路径上,改变其中某个活动的耗时,可能使关键路径发生变化.

(5) 可以存在多条关键路径,它们各自的时间总量(即总工期)一定相等.

4. 关键路径是相对的,是可以变化的.在采取一定的技术、组织措施之后,关键路径有可能变为非关键路径,而非关键路径也有可能变为关键路径.

【教材疑难解惑】

1. 在工作流程图中,什么才是关键路径?

解答 关键路径是指由对项目的最终完成时间有直接影响的活动组成的路径.简单地说,就是耗时最多的活动序列组成的路径.找出了关键路径,可以预测项目的工时,最终确定项目的工期.

2. 如何计算关键路径?

解答　计算关键路径一般有以下四个步骤:第一,画出工作流程图,计算关键路径要在工作流程图排序的前提下进行,对各路径工时进行计算与比较.第二,调整关键活动的工期.只有缩短关键活动的工期才有可能缩短整个工期.第三,观察非关键活动.若一个非关键活动不在所有的关键路径上,那么减少它的工期并不能减少整个工期.第四,确定关键路径.只有在不改变关键路径的前提下,缩短关键活动的工期才能缩短整个工期.

下面我们可以看一个工作流程图(图 4-2)的实例.

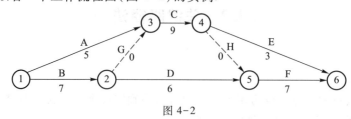

图 4-2

从开始到结束的工作过程中,我们计算出 4 条路径,分别是 A-C-E,总工期是 17;B-D-F,总工期是 20;B-G-C-E,总工期是 19;B-G-C-H-F,总工期是 23.因此,关键路径是 B-G-C-H-F,总工期是 23.如果进行调整,可以对工序 B,C,F 进行调整.

【典型问题释疑】

问题　在实际问题中如何确定紧前工作、紧后工作?

解答　紧前工作是指紧接在紧后工作之前的工作.紧后工作是指紧接在紧前工作之后的工作.紧前工作不结束,紧后工作不能开始.比如 A 工作要在 B 工作之前进行,那么 A 工作是 B 工作的紧前工作,B 工作是 A 工作的紧后工作.在实际问题中,要结合生活经验与专业知识作充分的分析,必要时可相互讨论,或深入到生活与生产实际中才能得到正确的判断,确定紧前工作、紧后工作.

【教材部分习题解析】

习　题　**4.2**

B　**组**

1. 中直公司的营销经理将要主持召开一年一度的由营销区域经理以及销售人员参加的销售协商会议.为了更好地安排这次会议,经理列出会议准备的各项工作的内容及所需工期,并整理如下表所示的工序一览表,试求出关键路径,并计算完成任务需要多长时间?

工序	工作内容	工期(小时)	紧前工序
A	组织协调分工会议	3	—
B	书面陈述的文字处理	20	A
C	制作口头和书面陈述的幻灯片	25	A,B
D	会议材料的准备	10	A

续表

工序	工作内容	工期(小时)	紧前工序
E	会议组织工作准备	20	A
F	处理与会者的提前报名	20	A,D
G	当场注册报名	25	D,E

分析 从工序时间表的紧前工序栏目入手,绘制的图可以有不同形式.

解答 工序流程图见图 4-3.关键路径是:A-B-C 或 A-E-G,完成组织任务需要的时间是 48 小时.

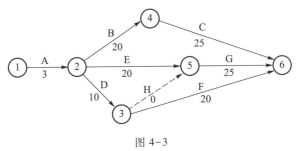

图 4-3

【技能训练与自我检测】

技能训练与自我检测题 4.2

A 组

1. 我们把从开始节点到终止节点的一条路,叫做一条_____,一条路径上的各工序的工期的和叫做_____,长度最长的那条路径叫做_____.关键路径上的每一件工作都叫做_____,表示关键工作的两个节点叫做_____.

2. 欣业专用设备制造有限公司加工一种产品,整个产品加工过程分为6个工序:A:产品设计(3 天),B:产品加工工艺编制(2 天),C:材料准备(5 天),D:工装制造(3 天),E:产品加工(2 天),F:产品装配(2 天).请设计一份工序流程图,并计算最少需要几天能完成产品加工任务.

B　组

某公司准备完成股票发行任务,以此得到新的资金来开展一些有价值的新业务,并继续发展下去.原始公众股发行过程的步骤如下面的工序一览表所示,试画出关键路径,并计算这种原始公众股发行过程最短需要多长准备时间?

工序	工作内容	工期(周)	紧前工序
A	评估每个潜在承销商的声誉	3	—
B	选择一个承销商财团	1.5	A
C	协商财团每个成员的责任	2	B
D	协商财团每个成员的佣金	3	B
E	准备注册声明(包括预计财务状况、公司历史、现有业务以及未来规划)	5	C
F	把注册报告书提交证券交易委员会	1	E
G	向社会公共机构的投资者进行介绍并激发潜在投资者的兴趣	6	F
H	分发招股说明书以及有吸引力的证券说明书	3	F
I	计算股票发行价格	5	F
J	从证券交易委员会得到注册确认	3	F
K	确认股票发行遵守的证券法的条款	1	G,H,I,J
L	指定一个负责登记股票的信托公司	3	J
M	指定一个过户代理	3.5	J
N	发行最终的招股说明书	4.5	L,M

4.3 网络图与横道图

【帮你读书】

1. 网络图是一种由点(节点)和箭线表示的图,它以箭线表示工作(工序)而以带编号的节点连接工作(工序),工作(工序)间可以有一种先后的逻辑关系.

2. 在网络图中,有一些实际的逻辑关系无法表示,所以在箭线图中需要引入虚工作的概念,使工作流程顺序能正确表示紧前工作与紧后工作的有序性.

3. 绘制网络图有以下一些特点:

(1) 在网络图中不能出现回路.如上文所述,回路是逻辑上的错误,不符合实际的情况,而且会导致工作流程循环,所以这条规则是必须遵守的.

(2) 网络图一般要求从左向右绘制.这虽然不是必须遵守的,但是符合人们的阅读习惯,可以增加网络图的可读性.

(3) 每一个节点都要编号,号码不一定要连续,但是不能重复,且按照前后顺序不断增大.订立这条规则有多方面的考虑,在手工绘图时,它能够增加图形的可读性和清晰性.

(4) 表示活动的线条不一定要带箭头,但是为了表示的方便,一般推荐使用箭头.这一条主要是绘制网络图时可以增加网络图的可读性.

(5) 一般要求双代号网络图要开始于一个节点,并且结束于另一个节点.此要求可以在手工绘图时增加可读性,而在计算机计算时,可以提高效率和增强结果的清晰性.

(6) 在绘制网络图时,一般要求连线不能相交,在相交无法避免时,可以采用过桥法或者指向法等方法避免混淆.此要求主要是为了增加图形的可读性.

4. 横道图包含以下三种意义:第一,以图形或表格的形式显示活动;第二,是一种通用的显示进度的方法;第三,构造时应包括实际日历天和持续时间,并且不要将周末和法定节假日算在进度之内.

5. 在横道图中,横轴方向表示时间,纵轴方向并列机器设备名称、操作人员和编号等.图表内以线条、数字、文字代号等来表示计划(实际)所需时间,计划(实际)产量,计划(实际)开工或完工时间等.

【教材疑难解惑】

1. 网络图的构成要素是什么?

解答 网络图由工序、节点与箭线三个要素组成.工序是需要消耗人力、物力和时间的具体活动过程.在网络图中工序用箭线表示,箭尾表示作业开始,箭头表示作业结束.节点是指某项作业的开始或结束,它不消耗任何资源和时间,在网络图中用 ①、②、③ 等来表示,编号应由小到大,可连续或间断数字编号,但号码不能重复.网络图是一个自网络始点开始,依从左往右的方向,经过一系列连续不断的工序直至网络终点的图.

2. 在网络图中有没有循环路径?在绘制网络图时,应该注意哪几点?

解答 网络图中不能出现循环路径(即回路),否则将使组成回路的工序永远不能结束,工程永远不能完工.

在具体绘制网络图时,应该注意以下几点:

(1)进入一个节点的箭线可以有多条,但相邻两个节点之间有且只能有一条箭线.当需要表示多个活动之间的关系时,需要增加节点和虚拟工序来表示.如教材图 4-9 所示.

(2)在网络图中,除网络始点、终点外,其他各节点的前后都有箭线连接,即图中不能有缺口,使得自网络始点起经由任何箭线都可以到达网络终点.否则,将使某些作业失去与其紧后(或紧前)工作应有的联系.

(3)箭线的首尾必须有事件,不允许从一条箭线的中间引出另一条箭线.

(4)为表示工程的开始和结束,在网络图中只能有一个始点和一个终点.当工程开始时有几个工序平行作业,或在几个工序结束后完工,要用一个网络始点或一个网络终点表示.若这些工序不能用一个始点或一个终点表示时,可用虚工序把它们与始点或终点连接起来.

(5)网络图绘制力求简单明了,箭线最好画成水平线或一段直的斜线;箭线尽量避免交叉;尽可能将关键路线布置在中心位置.

【典型问题释疑】

问题   对同一个项目,是否可能绘制出几个不同的网络图? 如何判断所绘制的网络图是否正确?

解答   对同一个项目,确实可能绘制出几个不同的网络图.网络图是可以优化的,本身就意味着对同一个项目,确实可能绘制出几个不同的网络图.

若要判断所绘制的网络图是否正确,第一需要将网络图中各工序的先后关系与工作流程表中的各工序的先后关系作一个对照,保持双方的一致性.第二,所绘制的网络图应该遵守前文所说的绘制网络图需要注意的五点.绘制的网络图简单明了,力求优化.

【教材部分习题解析】

习　题　4.3
A　组

新颖服装有限公司设计一款秋冬服装,设计服装的工序一览表如下表所示:

工序代号	工序名称	工期(天)	紧前工序
A	服装设计	30	
B	外购服装面料和配件	7	
C	面料下料和归类	15	
D	服装缝纫加工	50	
E	服装熨整形与检验	20	
F	服装包装	10	
G	服装发布会筹备	30	
H	服装发布会	5	

（1）在表中填写紧前工序,绘制服装生产任务的网络图;

（2）求生产这批服装最少需要多少天?

分析 首先需要思考表中各工序的先后关系,必要时可讨论一下,再确定.然后根据工作关系表绘制服装生产任务的网络图,计算各条路径的总工期后,可找到关键路径与完成任务所需天数.

解答 （1）紧前工序见下表;网络图见图 4-4.

工序代号	工序名称	工期（天）	紧前工序
A	服装设计	30	—
B	外购服装面料和配件	7	A
C	面料下料和归类	15	B
D	服装缝纫加工	50	C
E	服装熨整形与检验	20	D
F	服装包装	10	E
G	服装发布会筹备	30	A
H	服装发布会	5	G

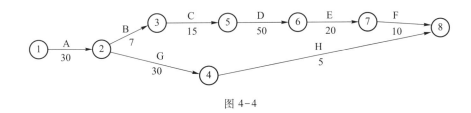

图 4-4

（2）关键路径为 A-B-C-D-E-F,生产这批服装最少需要 132 天.

【技能训练与自我检测】

技能训练与自我检测题 4.3
A 组

1. 一个网络图必须具有两个功能:（1）_____;

（2）_____.

2. 网络图的构成的三个要素是:_____,_____,_____.

3. 某工程的网络图如图 4-5 所示（单位:天）,试求该工程的关键路径,并求出总工期.

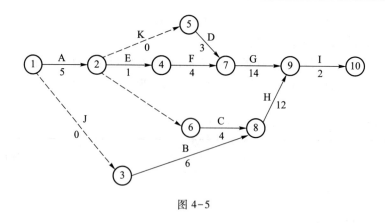

图 4-5

B 组

某软件公司开发计算机管理信息系统项目的活动清单如下表：

工序	工作内容	工期(周)	紧前工序
A	系统分析和总体设计	3	—
B	输入和输出设计	4	A
C	模块 1 详细设计	6	A
D	输入和输出程序设计	8	B
E	模块 1 程序设计	8	C
F	模块 2 详细设计	5	C
G	输入和输出及模块 1 测试	3	D,E
H	模块 2 程序设计	6	F
I	模块 2 测试	3	E,H
J	系统总调试	5	G,I
K	程序编写	8	E,H
L	系统测试	3	J

试画出该项目的网络图,写出(或画出)它的关键路径,并计算工程的总工期.

4.4　计划的调整与优化

【帮你读书】

1. 在项目管理中,编制网络计划的基本思想就是在一个庞大的网络图中找出关键路径,并对各关键活动,优先安排资源,挖掘潜力,采取相应措施,尽量压缩需要的时间.而对非关键路径的各个活动,只要在不影响工程完工时间的条件下,抽出适当的人力、物力和财力等资源,用在关键路径上,以达到缩短工程工期,合理利用资源等目的.在执行计划过程中,可以明确工作重点,对各个关键活动加以有效控制和调度.

2. 在优化思想指导下,可以根据项目计划的要求,综合地考虑进度、资源利用和降低费用等目标,对网络图进行优化,确定最优的计划方案.下面分别讨论在不同的目标约束下,优化方案策略的制定步骤.

目标一:时间优化,即根据对计划进度的要求,缩短项目工程的完工时间.

可供选择的方案:

(1)采取引入先进技术的措施,如引入新的生产机器等方式,缩短关键工序的作业时间;

(2)找出关键路径上的哪个工序可以并行进行;

(3)采取组织措施,利用加班、延长工作时间、倒班制和增加其他资源等方式,合理调配技术力量及人、财、物等资源,缩短关键工序的作业时间.

目标二:时间—资源优化,即在考虑工程进度的同时,考虑尽量合理利用现有资源,并缩短工期.

具体要求和做法是:

（1）优先安排关键工序所需要的资源；

（2）利用非关键工序的总时差,错开各工序的开始时间,拉平所需要资源的高峰,即人们常说的"削峰填谷"；

（3）在确实受到资源限制,或者在考虑综合经济效益的条件下,也可以适当地推迟工程启动时间.

【教材疑难解惑】

1. 在学习计划的调整与优化时,工作流程图中的关键路径起着什么作用?

解答 初始工作流程网络图的关键路径往往拖得很长,非关键路径上的富裕时间很多,网络图松散,任务周期长.通常在网络计划初步方案制订以后,需要根据工程任务的特点,进行调整与优化,从系统工程的角度对时间、资金和人力等进行合理调配,从而得到最佳的周期、最低的成本以及对资源最有效的利用等结果.

2. 如何对关键路径上的关键工序进行调整?

解答 对关键路径上的关键工序做以下两方面的处理：第一,调配资源.在关键工序上增加从非关键工序上调配过来的资源,从而减少关键工序上的工期;第二,分解关键工序.把一个关键工序分解为多个并行工序.

【典型问题释疑】

问题 学习本节内容时,由于缺少实践经验,我们无法对计划进行调整与优化,那么用什么方法可以提高学习效率?

解答 由于缺少实践经验,对计划进行调整与优化确实会遇到一些困难,建议同学们可以进行一定的尝试,不必过分追求完美的结果,等到有实践机会时,结合进一步的学习（专业课《网络计划技术》）,您会感到更大的欣喜.

【教材部分习题解析】

习 题 4.4

B 组

对教材 4.3.1 节例 3,下表补充给出项目每一个工序的人员数据.

建筑工程的工序一览表

工序	工作内容	工期/周	工作人员/人	紧前工序
A	挖掘	2	10	—
B	打地基	4	15	A
C	承重墙施工	10	12	B
D	封顶	6	8	C
E	安装外部管道	4	6	C
F	安装内部管道	5	6	E

续表

工序	工作内容	工期/周	工作人员/人	紧前工序
G	外墙施工	7	15	D
H	外部上漆	9	6	E,G
I	电路铺设	7	5	C
J	竖墙板	8	8	F,I
K	铺地板	4	5	J
L	内部上漆	5	6	J
M	安装外部设备	2	8	H
N	安装内部设备	6	8	K,L

试在图 4-6 的基础上优化进度计划,确定工程的总工期.

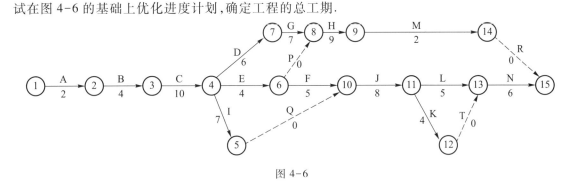

图 4-6

分析 在加入了人力资源以后,就可以进行计划的调整与优化了.本题方案不唯一,下面的解答仅作一次调整,有兴趣的同学可试着作进一步的调整与优化.

解答 注意到 M 工序(M 工序在非关键路径上)的人力资源有较大的盈余,C 工序(在关键路径上)工期最长,从 M 工序抽调 4 人到 C 工序,则 C 工序只需要 7.5 周,此时 M 工序剩下 4 人干,完成 M 工序需要 4 周,由此得到的优化的网络图如图 4-7 所示.

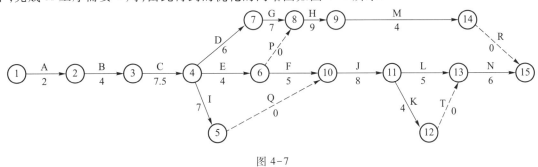

图 4-7

工程的关键路径是 A-B-C-E-F-J-L-N,总工期是 41.5 周.

【技能训练与自我检测】

技能训练与自我检测题 4.4

A 组

1. 优化调整的原则是：（1）_____；（2）_____；
（3）_____.

2. 城北建筑队接到一项新的工程，由于有多个工程都在进行之中，人员安排非常紧张．建筑队对新的工程进行如下安排：

工序	工期（天）	工作人员/人	紧前工序
A	10	4	—
B	8	8	A
C	4	8	A
D	2	2	A
E	2	5	C,D
F	6	6	B,C
G	3	7	E,F

试编制工程计划网络图，并优化进度计划，确定工程的总工期．

B 组

某软件公司开发计算机管理信息系统项目的活动清单如下表：

工序	工作内容	工期（周）	工作人员/周	紧前工序
A	系统分析和总体设计	3	7	—
B	输入和输出设计	4	4	A

续表

工序	工作内容	工期(周)	工作人员/周	紧前工序
C	模块1详细设计	6	4	A
D	输入和输出程序设计	8	5	B
E	模块1程序设计	8	5	C
F	模块2详细设计	5	4	C
G	输入和输出及模块1测试	3	2	D,E
H	模块2程序设计	6	4	F
I	模块2测试	3	2	E,H
J	系统总调试	5	3	G,I
K	程序编写	8	10	E,H
L	系统测试	3	2	J

试编制工程计划网络图,并优化进度计划,确定工程的总工期.并绘制相应的横道图.

章复习问题

1. 绘制工作流程图的三大规律是什么?
2. 什么叫虚工作? 有什么作用?
3. 紧前工作、紧后工作与平行工作的关系是什么?
4. 什么是关键路径法? 关键路径法的特点有哪些?
5. 网络图构成的要素是什么? 怎样应用网络图编制项目计划?
6. 调整与优化计划的原则是什么?

章自我检测题

第 4 章检测题

A　　组

1. 选择题：（每题 6 分，共 24 分）

（1）一个工程的工作流程图如下图所示，从工作流程图中分析工序 F 的紧前工序是（　　）.

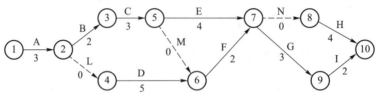

A. 工序 D　　　　　　B. 工序 C　　　　　　C. 工序 C，M　　　　　　D. 工序 C，D

（2）虚工作是指（　　）.

A. 一项正式的工作

B. 既占用时间，也耗用资源的虚拟工作

C. 绘制网络图时根据逻辑关系的需要而增设的工作

D. 可以随意设置前后相邻工作之间的关系

（3）某一项目的网络图如下图所示，网络图中的关键路径是（　　）.

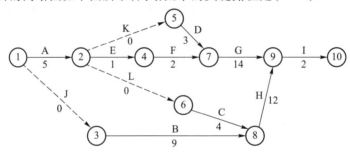

A. A–K–D–G–I　　　　　　　　　　B. A–E–F–G–I

C. A–L–C–H–I　　　　　　　　　　D. J–B–H–I

（4）当工程计划调整与优化时，若计划工期大于要求工期，为满足要求工期，进行工期优化的基本方法是（　　）.

A. 减少相邻工作之间的时间间隔　　　B. 缩短关键工作的持续时间

C. 将非关键工序的资源调配到关键工序　　D. 缩短关键工作的总工期

2. 填空题：（每空 2 分，共 36 分）

（1）在编制计划的过程中，出现了两项可以同时进行的工作，这样的工作叫＿＿＿＿＿＿＿＿；为了说明问题的需要，人为地设置一些虚拟的工作，把它们叫做＿＿＿＿＿＿＿＿．平行工作的目的是＿＿＿＿＿＿＿＿＿＿＿＿，虚工作的出现有利于表明＿＿＿＿＿＿＿＿＿＿与＿＿＿＿＿＿＿＿＿＿的关系.

（2）我们把从开始节点到终止节点的一条路,叫做一条_____,一条路径上的各个工序的工期的和叫做_____,长度最长的那条路径叫做_____.关键路径上的每一件工作都叫做_____,表示关键工作的两个节点叫做_____.

（3）一个网络图必须具有两个功能:①_____;②_____.

（4）网络图构成的三个要素是:_____,_____,_____.

（5）优化调整的原则是:①_____;②_____;③_____.

3. 解答题:（共 40 分,每小题 20 分）

下面是一份新产品试制工作明细表.

工序	工作内容	作业时间（天）	工作人员（人）	紧前工作
A	新产品设计	50	10	—
B	工艺设计	25	6	A
C	零配件采购	20	5	A
D	材料采购	20	8	A
E	工艺装配的设计与制造	35	8	B
F	毛坯制造	20	12	D
G	中、小零件加工	10	20	D,E
H	大型零部件加工	15	10	E,F
I	部件组装	8	10	C
J	产品总装	5	20	G,H,I
K	产品试车	10	10	J

（1）试绘制一份试制工作的网络图,并找出图中的关键路径及所用时间.

（2）试优化进度计划,绘制优化后的网络图,并确定试制工作的总工期.

B 组(附加题 10 分)

对工程计划网络图的调整与优化的目的是什么?

第5章　线性规划初步

5.1　线性规划的有关概念

【帮你读书】

1. 线性规划是解决某些实际问题的一种数学方法.这种方法适用于解决生产组织、交通运输、投资决策等国民经济许多领域中出现的问题.成功使用线性规划的前提是合理地构造问题的数学模型.图 5-1 给出了建模的一般步骤：

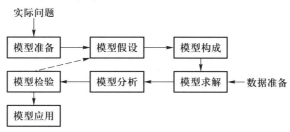

图 5-1

2. 在建立线性规划模型时,首先要确定合适的决策变量,这关系到模型的复杂程度.

3. 在确定约束条件时,要把所有的条件都列出,有时几个条件之间会重复或相互包含,可以通过不等式的性质进行适当化简.

4. 约束条件都是线性的形式,目标函数也是线性形式,这样的模型才是线性规划模型,这里所说的线性形式是指所有变量的最高次为一次不等式或方程.

5. 可行解是指满足约束条件的一组解,与此对应的目标函数值不一定是最优的.通常线性规划模型的可行解有无数多个,而使目标函数为最优的解可能是唯一的,也可能有许多甚至无数个.实际问题如果没有可行解,一般是在建立模型时出了错.

【教材疑难解惑】

1. 如何从实际问题中建立线性规划模型？

解答　一般有以下三个步骤：

（1）根据所要达到目的的影响因素找到决策变量.

（2）由决策变量和所要达到目的之间的函数关系确定目标函数.

（3）由决策变量所受的限制条件确定决策变量所要满足的约束条件.

2. 线性约束条件个数一定会比变量个数多吗？

解答　除了对变量本身的要求外,其他的线性约束条件个数与变量的个数之间没有必然关系，线性约束条件的个数只与问题中给出的限制条件有关.

　　3. 什么是可行域？

　　解答　可行域就是满足所有约束条件的解的集合.

【典型问题释疑】

　　问题 1　在目标函数中是否一定要写出 max 或 min？

　　分析　通常线性规划问题不是一个简单的不等式组或方程组，它是在满足一组约束条件下使目标函数达到最优（取得最大或最小值），所以必须写出 max 或 min.

　　解答　根据问题的要求，一定要在目标函数中写出 max 或 min.

　　问题 2　现有一批 7.5 m 长的钢管，生产某产品分别需长 2.9 m、1.5 m 的两种钢管 100 根、120 根，问如何截取才可使原材料最省？写出这个问题中的线性约束条件和目标函数.

　　分析　很显然，要使原材料使用最少，每根钢管不能只截一种规格的料，而应该采取套截的方法.那么如何套截呢？我们可以用列举的方法一一列出，为了使得列举时做到不遗漏，通常采取先考虑一种规格的料从可截的最大数开始，再考虑余料中第二种规格的可截最大数，然后，依次递减第一种规格的可截数（每次减 1），同时按实际余料量增加第二种规格的可截数，直至不能进行.根据问题要求，希望使用材料最少，也就是每一种截法所用的材料数最少，从而可以设每一种的截法所用钢管数为决策变量，目标函数就是所有截法的钢管数之和最小.也可以这样来考虑，不管每一种截法如何，一般都会有余料产生，要使原材料尽可能少用，也就要求余料尽量少产生，这样目标函数也可以写成各种截法的总余料之和最小.这两种目标函数是等价的.另外，所求的钢管数不能为小数，必须是整数.

　　解答　将长为 7.5 m 的钢管，分别截成 2.9 m 和 1.5 m 两种规格的材料，共有如表 5-1 所列 3 种可能截法.

表 5-1

截法	2.9 m	1.5 m	余料（m）
1	2 根	1 根	0.2
2	1 根	3 根	0.1
3	0 根	5 根	0

　　设采用第 j 种截法的钢管数为 x_j 根（$j=1,2,3$）.

　　建立线性规划模型：

目标函数
$$\min Z = \sum_{j=1}^{3} x_j,$$

约束条件为
$$\begin{cases} 2x_1 + x_2 \geq 100, \\ x_2 + 3x_3 + 5x_4 \geq 120, \\ x_j \geq 0, x_j \in \mathbf{N}, j=1,2,3. \end{cases}$$

【教材部分习题解析】

习 题 5.1

2. 某养鸡场有七万只鸡,用动物饲料和谷物饲料混合喂养,每天每只鸡平均吃混合饲料 0.5 kg,其中动物饲料占的比例不得少于 1/5,动物饲料 2.70 元/kg,谷物饲料 1.50 元/kg,谷物饲料至多能供应 25 000 kg,问应怎样混合饲料,才能在保证营养的前提下使养鸡场每周的成本最低?写出这个问题中的线性约束条件和目标函数.

分析 根据给出的问题,只要确定出每千克混合饲料的最低成本,那么每周的最低成本就知道了,而每千克混合饲料的成本取决于用两种饲料的多少,因此设每千克混合饲料中所含两种饲料量为决策变量,从而得到目标函数的形式,再根据其他资源限制条件,写出约束条件.

解答 设每千克混合饲料中所含动物饲料和谷物饲料分别为 x_1 千克和 x_2 千克,则目标函数为

$$\min Z = 70\,000(2.70x_1 + 1.50x_2),$$

约束条件为
$$\begin{cases} x_1 + x_2 = 0.5, \\ x_1 \geqslant 0.1, \\ 70\,000x_2 \leqslant 25\,000, \\ x_j \geqslant 0, \ j = 1, 2. \end{cases}$$

【技能训练与自我检测】

技能训练与自我检测题 5.1

A 组

1. 某车间有两台数控机床可以加工 A,B 两种产品,不同产品在不同机床上加工所用工时不同,而每台机床的加工工时也有限,具体见表 5-2.已知 A,B 两种产品的销售利润分别为每台500 元和 600 元.问如何安排 A,B 两种产品生产,才能在现有条件下获得最大利润?写出这个问题中的线性约束条件和目标函数.

表 5-2

机床	单位 A 产品	单位 B 产品	加工工时限制
机床 1	2	3	300
机床 2	3	4	500
每单位产品利润(元)	500	600	

2. 某蔬菜基地种植甲、乙两种无公害蔬菜,生产一吨甲菜需用电力 9 kW·h,耗肥 4 吨,3 个工时;生产一吨乙菜需用电力 5 kW·h,耗肥 5 吨,10 个工时. 现该基地仅有电力 360 kW·h,肥 200 吨,300 个工时. 已知生产 1 吨甲菜获利 700 元,生产 1 吨乙菜获利 1 200 元.在上述电力、肥和工时的限制下,问如何安排甲、乙两种无公害蔬菜的种植,才能使利润最大? 写出这个问题中的线性约束条件和目标函数.

3. 把一条长为 5 000 mm 的钢条截成 690 mm 与 580 mm 两种规格的毛坯,问如何截,才能使钢条的利用率最高.写出这个问题中的线性约束条件和目标函数.

4. 已知 A_1,A_2 两煤矿的年产量分别为 200 万吨和 100 万吨.两矿生产的煤需经 B_1,B_2 两个车站运往外地.若 B_1,B_2 两个车站都是最多能接收 160 万吨,A_1,A_2 两煤矿运往 B_1,B_2 两个车站的运输价格如表 5-3 所示,问如何安排运输方案,可使运输费用最低?写出这个问题中的线性约束条件和目标函数.

表 5-3 （单位:万元）

	车站 B_1	车站 B_2
煤矿 A_1	20	18
煤矿 A_2	15	10

B 组

1. 某工厂用一种每天购入数量最多为 300 单位的原料生产 A、B 两种产品,在车间 1 和车间 2 连续加工.车间 1 和车间 2 每天可用工时分别为 320 小时和 200 小时.放置产品的成品仓库面积也有限制.如果只放置产品 A,可放置 400 单位,而单位 B 产品的放置面积 2 倍于 A.每单位 A 在车间 1 要加工 1 小时,在车间 2 要加工 0.5 小时,需原料 1 单位,利润为 1 万元;每单位 B 在车间 1 要加工 2 小时,在车间 2 要加工 0.3 小时,需原料 0.25 单位,利润为 2 万元.问如何安排生产使利润最大?写出这个问题中的线性约束条件和目标函数.

2. 某工厂每天要生产甲、乙两种产品,按工艺规定,每件甲产品需分别在 A,B,C,D 四台不同设备上加工 2,1,4,0 小时;每件乙产品需分别在 A,B,C,D 四台不同设备上加工 2,2,0,4 小时.已知 A,B,C,D 每天最多能工作的时数分别是 12,8,16,12 小时,生产一件甲产品该厂得利润 200 元,生产一件乙产品得利润 300 元,问每天如何安排生产,才能得到最多利润?写出这个问题中的线性约束条件和目标函数.

3. 有一批同规格钢条,有两种切割方式,可截成长度为 A 的工件 2 根、长度为 B 的工件 3 根,或截成长度为 A 的工件 3 根、长度为 B 的工件 1 根.如果长度为 A 的工件至少需 50 根,长度为 B 的工件至少需 45 根,问如何切割可使钢条用量最少? 写出这个问题中的线性约束条件和目标函数.

5.2　二元线性规划问题的图解法

【帮你读书】

1. $Ax+By+C>0$ 所表示的平面区域中,是不包括边界直线 $Ax+By+C=0$ 的;而 $Ax+By+C \geqslant 0$ 表示的平面区域是包括边界直线的.

2. 由于对直线 $Ax+By+C=0$ 的同一侧的所有点 (x, y),实数 $Ax+By+C$ 的符号相同,所以只需在此直线的某侧任取一点 (x_0, y_0),把它代入 $Ax+By+C$,由其值的符号即可判断 $Ax+By+C>0$ 表示直线的哪一侧,一般可取原点 $(0,0)$,计算简便.

3. 不等式所表示的平面区域可以称为直线的左(右)侧,也可以称为上(下)侧,只有当直线垂直(或平行)于 x 轴时,只能称为左(右)侧(或上(下)侧).

4. 在用图解法解线性规划问题时,如果是求 max Z,我们让目标函数等值线沿 Z 增大的方向移动,如果是求 min Z,我们让目标函数等值线沿 Z 减小的方向移动,直至不能再移动为止(即直线将离开可行域),最终使目标函数的等值线与可行域的边缘点相交,以该点作为最优解.当可行域不是有限区域或不含边界时,可能会找不到这样的边缘点,从而问题无最优解,若实际问题中发生这种情况通常是建立的线性规划模型有误所造成的.

【教材疑难解惑】

1. 如何画出不等式组所表示的平面区域?

解答　依次将各不等式中的不等号改写成等号,从而得一组直线方程,分别将这一组直线方程在同一直角坐标系中作出图像,然后再根据原来的不等式一一画出它们所表示的平面区域,那么它们的公共部分就是所要求的区域.

2. 当平移目标函数的等值线时,如果不能很明显地看出最优解,那么应该怎么办?

解答　因为最优解一定在可行域的顶点处找到,所以我们可以通过比较顶点处所对应的目标函数值,从而确定最优解.

【典型问题释疑】

问题 1　在例 3 中,为什么当 Z 的值增加时,等值线离原点 O 越来越远?

分析　从图中看,这比较明显,如果要理解它,我们可以用截距来说明.

解答　因为 $Z = x + 3y$ 中将 Z 看作常数,那么该直线的横截距为 Z,当 Z 的值增加时,直线的横截距也不断增加,从而直线就离原点 O 越来越远了.

问题 2　如果等值线移动时,最后与某一线段重合,那么取什么点作为最优解?

解答　如果产生这样的情形,那么这线段上的任何一点都可作为最优解,它们所对应的目标函数值都相等,它们的值等于线段端点对应的最优解.

【教材部分习题解析】

练习 5.2.1

3. 画出不等式组 $\begin{cases} x - y + 5 \geqslant 0, \\ x + y \geqslant 0, \\ x \leqslant 3 \end{cases}$ 表示的平面区域.

分析　先作出三个不等式的区域,它们的公共部分即相交部分,就是所求的平面区域(图略).

习　题　5.2

1. 用图解法求解下列二元线性规划问题:

(1) $\min Z = x_1 - 2x_2$,

满足 $\begin{cases} 3x_1 - x_2 \geqslant 1, \\ 2x_1 + x_2 \leqslant 6, \\ x_2 \leqslant 2, \\ x_1, x_2 \geqslant 0. \end{cases}$

分析　(1) 先作出可行域(图 5-2 的阴影部分),再作直线 $x_1 - 2x_2 = 0$,将直线左移,显然,在 A 点能使 Z 取得最小值,而点 A 坐标为 $(1,2)$,所以 $\min Z = -3$.

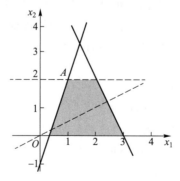

图 5-2

【技能训练与自我检测】

技能训练与自我检测题 5.2

A　　组

1. 已知直线 l: $Ax+By+C = 0$（A,B 都不为零），试在表格空当处填"上（下）"或"左（右）".

不等式	B 符号	区域在直线 l	A 符号	区域在直线 l
$Ax+By+C>0$	$B>0$		$A>0$	
	$B<0$		$A<0$	
$Ax+By+C<0$	$B>0$		$A>0$	
	$B<0$		$A<0$	

2. 画出以二元一次不等式 $3x-y+4>0$ 的解为坐标的点在平面直角坐标系中的图形.

3. 画出下列不等式组表示的平面区域:

（1）$\begin{cases} x+y \leqslant 1, \\ -x+2y \leqslant 0, \\ x \geqslant 0. \end{cases}$

（2）$\begin{cases} -2x+y \geqslant 5, \\ x+y \leqslant 4, \\ x+3>0. \end{cases}$

（3）$\begin{cases} x+2y \leqslant 4, \\ x \geqslant 0, y \geqslant 0. \end{cases}$

（4）$\begin{cases} 0 \leqslant x \leqslant 6, \\ 0 \leqslant y \leqslant 8, \\ x+y \leqslant 12. \end{cases}$

B　　组

图解法求线性规划问题：

（1）max $Z = 4x_1 + 6x_2$，满足 $\begin{cases} -x_1 + x_2 \leqslant 4, \\ 3x_1 + 2x_2 \leqslant 25, \\ 5x_1 + 2x_2 \leqslant 20, \\ x_1 \geqslant 0, x_2 \geqslant 0. \end{cases}$

（2）min $Z = 3x_1 + x_2$，满足 $\begin{cases} 2x_1 + x_2 \geqslant 4, \\ x_1 + 5x_2 \geqslant 6, \\ x_1, x_2 \geqslant 0. \end{cases}$

（3）max $Z = 4x_1 + 6x_2$，满足 $\begin{cases} 2x_1 + 3x_2 \leqslant 100, \\ 4x_1 + 2x_2 \leqslant 120, \\ x_1 \geqslant 0, x_2 \geqslant 0. \end{cases}$

（4）max $Z = x_1 + x_2$，满足 $\begin{cases} 2x_1 - x_2 - 3 \geqslant 0, \\ 2x_1 + 3x_2 - 6 \leqslant 0, \\ 3x_1 - 5x_2 - 15 \leqslant 0. \end{cases}$

5.3　解线性规划问题的表格法

【帮你读书】

1. 在用表格法解线性规划问题时,首先要将线性规划模型化为标准型. 标准型中目标函数是求最大值,约束条件是线性方程组. 当约束条件为不等式时,我们通过引入松弛变量和剩余变量将其化为等式,同时由于每一个变量都规定非负,那么对于自由变量或非正变量,我们还要将它替换成其他非负变量. 特别要注意的是,目标函数的系数的符号没有限制,但资源系数一定要保证非负.

2. 在用表格法解线性规划时,建立适当的初始表格很重要. 一般初始解组常选择引入松弛变量,这样能确保满足初始解组的要求,但有时不一定能找到,对于这样的情形,有时我们可以对已经标准化的约束条件方程组进行加减消元(要保证资源系数非负),从而找到一组符合要求的初始解组.

3. 在进行比值计算前,先要将检验数全部计算出. 而比值的计算,一定要注意它是对 $a_{ij}>0$ 的那些值所作的计算.

4. 当有几个相等的最大的正检验数时,可以任取一个作为换入变量,一般选标号较小的那一个. 选取换出变量时也如此.

【教材疑难解惑】

1. 怎样列出初始表格?

解答　第一步:将标准型线性规划的约束条件转换成表格;第二步:左边增加一列,用于填写初始解组;第三步:再在表格的左侧加一列,填对应初始解组的目标函数的系数,然后在表格上下各加一行,首行为所有目标函数的系数,底行为检验数行;第四步:依次计算检验数的值,填入表中,然后标出最大正数,若无,则结束计算;第五步:在表格的右侧加一列,用于填比值,选取检验数标记列,计算比值,依次填入,若都不存在,则结束计算,问题无最优解,否则选出比值最小者作标记,从而确定换入和换出变量,同时填写目标函数值.

2. 在表格的转换时,怎样才能使左边初始解组所在位置的变量,所对应的系数在表格中化为所要求的单位形式?

解答　表格的转换是为了求得更佳的可行解,在换入变量和换出变量的交汇点,我们通常称为表格转换的轴,表格的转换因此也称转轴. 转轴时,通常要采取行间的加减消元法,也就是某行加另一行的一个倍数,或者,某行同乘某个正数,从而化得所要的结果.

3. 在用表格法求最优解时,有时会有不同的最优解,但目标函数的值是相同的,这是为什么?

解答　这种情况说明问题有多个最优解,通常,我们可以在表格中观察出来,即在表格中存在变量,其对应的检验数为 0,但它不在表格左边的解变量中,此时将该变量换入,可得最优解,且目标函数值不变.

【典型问题释疑】

问题 1　$\min Z$ 如何换成 $\max Z'$?

分析　$\min$ 与 $\max$ 是相反的问题,$\min Z=\max(-Z)$,所以我们可以将原来的目标函数的系数乘上负号,就化为 $\max$ 了.

解答　令 $Z'=-Z$ 即可.

问题 2　在表格转换过程中,有大量的数据是重复的,能否将这些表格并在一起,以减少重复?

分析　在用表格法解线性规划问题时,表格要不断地重复画,而其中有不少信息是不变的,因此,我们可将它们设计在一起.

解答　具体的形式可参考教材 5.5 节案例 2 表 5-16.

【教材部分习题解析】

练习 5.3.1

将下列线性规划问题化成标准型：

（1）
$$\min Z = -3x_1 - 5x_2,$$

满足
$$\begin{cases} 4x_1 - 5x_2 \leqslant 10, \\ x_1 - 4x_2 \geqslant -5, \\ x_1 \geqslant 0, x_2 \geqslant 0. \end{cases}$$

（2）
$$\max Z = 3x_1 - 4x_3,$$

满足
$$\begin{cases} 2x_1 + x_2 - 3x_3 = 6, \\ x_1 + x_3 \geqslant 2, \\ x_1, x_2 \geqslant 0, x_3 \text{ 是自由变量}. \end{cases}$$

解答　（1）令 $Z' = -Z$，引入松弛变量 x_3 和 x_4，则得标准型：
$$\max Z' = 3x_1 + 5x_2,$$

满足
$$\begin{cases} 4x_1 - 5x_2 + x_3 = 10, \\ -x_1 + 4x_2 + x_4 = 5, \\ x_1 \geqslant 0, x_2 \geqslant 0, x_3 \geqslant 0, x_4 \geqslant 0. \end{cases}$$

（2）令 $x_3 = x_4 - x_5$，且 $x_4 \geqslant 0, x_5 \geqslant 0$，引入多余变量 x_6，得标准型：
$$\max Z = 3x_1 - 4x_4 + 4x_5,$$

满足
$$\begin{cases} 2x_1 + x_2 - 3x_4 + 3x_5 = 6, \\ x_1 + x_4 - x_5 - x_6 = 2, \\ x_1 \geqslant 0, x_2 \geqslant 0, x_4 \geqslant 0, x_5 \geqslant 0, x_6 \geqslant 0. \end{cases}$$

【技能训练与自我检测】

技能训练与自我检测题 5.3

A 组

1. 将下列线性规划问题化为标准型：

（1）
$$\max Z = -2x_1 + 3x_2 - 6x_3,$$

满足
$$\begin{cases} 3x_1 - 4x_2 - 6x_3 \leqslant 12, \\ 2x_1 + x_2 + 2x_3 \geqslant 11, \\ x_1 + 3x_2 - 2x_3 \leqslant 5, \\ x_1, x_2, x_3 \geqslant 0. \end{cases}$$

（2）
$$\min Z = 2x_1 + 3x_2 + 5x_3 + 6x_4,$$

满足
$$\begin{cases} x_1 + 2x_2 + 3x_3 + x_4 \geqslant 2, \\ -2x_1 + x_2 - x_3 + 3x_4 \leqslant -3, \\ x_j \geqslant 0, j = 1,2,3,4. \end{cases}$$

2. 用表格法求下列线性规划问题：

（1）
$$\max Z = x_1 + 2x_2,$$

满足
$$\begin{cases} 2x_1 + 5x_2 \leqslant 15, \\ 2x_1 - 2x_2 \leqslant 5, \\ x_j \geqslant 0, j = 1,2. \end{cases}$$

（2）
$$\min Z = 2x_1 + 2x_2,$$

满足
$$\begin{cases} 2x_1 + x_2 \geqslant 4, \\ x_1 + 7x_2 \geqslant 7, \\ x_j \geqslant 0, j = 1,2. \end{cases}$$

B　　组

用表格法求下列线性规划问题：

（1）
$$\max Z = 3x_1 - x_2 - x_3,$$

满足
$$\begin{cases} x_1 - 2x_2 + x_3 \leqslant 11, \\ -3x_1 + x_2 + 2x_3 \geqslant 3, \\ 2x_1 - x_3 = -1, \\ x_j \geqslant 0, j = 1,2,3. \end{cases}$$

（2）
$$\max Z = 3x_1 + x_2 + 5x_3,$$

满足
$$\begin{cases} 6x_1 + 3x_2 + 5x_3 \leqslant 45, \\ 3x_1 + 4x_2 + 5x_3 \leqslant 100, \\ x_j \geqslant 0, j = 1,2,3. \end{cases}$$

（3）

$$\max Z = 3x_1 + x_2 + 5x_3,$$

满足

$$\begin{cases} 6x_1 + 3x_2 + 5x_3 \leqslant 45, \\ 3x_1 + 4x_2 + 5x_3 \leqslant 100, \\ x_j \geqslant 0, j = 1,2,3. \end{cases}$$

5.4　利用 Excel 软件解线性规划问题

【帮你读书】

1. "规划求解"是 Excel 软件中一个非常有用的工具,它是由一组命令组成的,这些命令有时也称作假设分析.借助"规划求解",可求得工作表上某个单元格(被称为目标单元格)中公式的最优值.

2. 通常在使用"规划求解"命令时,先要将问题的目标函数和约束条件输入到 Excel 表中,为了在表格中清楚地表示问题的各项表达式,通常在表中用文字作说明,如图 5-3 所示.

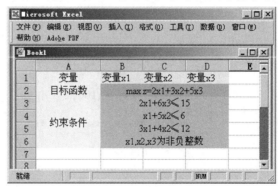

图 5-3

然后选择作为决策变量的单元格,并在表中非变量单元格的区域中依次列出约束条件的系数和常数,然后应用"规划求解"设置.特别要注意在添加约束条件时,不要漏掉决策变量的非负(或整数)要求.

3. 可以在"规划求解参数"对话框的"约束"下添加、更改或删除"规划求解"中的约束条件,若要接受约束条件并要添加其他的约束条件,请单击"添加". 若要接受约束条件并返回"规划求解参数"对话框,请单击"确定".

4. 在"规划求解参数"对话框中有" INT "表示条件取整数," BIN"表示条件取"0 或 1"的值.

5. 如果"求解"后,发现原来的输入中有错误,那么可以修改后再重新应用默认的"规划求解"设置:在"工具"菜单上,单击"规划求解",若要将设置恢复到初始值,请单击"全部重设".

6. 在用 Excel 求解线性规划模型时,务必注意:在输入公式和数字时,所有字母、数字均必须在半角英文状态下输入,否则会出错且很难找出问题.

【教材疑难解惑】

教材中如" $\$D\$2<=\$B\$8*\$B\$2+\$B\$9*\$C\$2$"这样的约束条件在输入时可否简化?

解答 我们可以在表中列出一单元格区域,作为存放约束条件中" $\$B\$8*\$B\$2+\$B\$9*\$C\$2$"的内容,对于这个形式可以用命令"sumproduct($B8:B9,B2:C2$)"来表示,这样在输入时可以减少一些工作量,同时,当对模型做一些修改时,如增加变量、改变系数等,只要在 Excel 表上操作就可以了.

【典型问题释疑】

问题 1 在约束条件的添加中,是否一定要是标准形式的线性规划问题?

解答 不需要,约束条件的形式可以是各种线性不等式,包括取整数或取 0,1 值.

问题 2 决策变量全为非负(或整数)等统一性要求时,可否在添加约束条件中一次输入?

解答 可以. 例如决策变量是"B1:B4",且都为非负,则可以单击"添加"按钮后弹出"添加约束"对话框,在"单元格引用位置"单击输入框右侧的图标 ,拖选 B1:B4,中间不等号选择">="且"约束值"输入 0,这样一次就将四个变量的非负条件全部输入了.

【教材部分习题解析】

习 题 5.4

1. 利用 Excel 软件求解下列各线性规划问题.

(1)
$$\max Z = 10x_1 + 5x_2,$$

满足
$$\begin{cases} x_1 + x_2 \leqslant 7, \\ 2x_1 + x_2 \leqslant 10, \\ -2x_1 + x_2 \leqslant 4, \\ x_1, x_2 \geqslant 0. \end{cases}$$

解答　建立如图 5-4 所示的电子表格,其中可变单元格为 B1:B2,目标单元格设为 D1,并在其中输入公式" = 10 * B1+5 * B2",在单元格 D2 输入公式" = B1+B2",在单元格 D3 输入公式" = 2 * B1+B2",在单元格 D4 输入公式" = -2 * B1+B2",则约束条件可表达为 D2≤7,D3≤10,D4≤4,B1:B2≥0,"选项"中勾选"采用线性模型"后求解即得图示最优解.

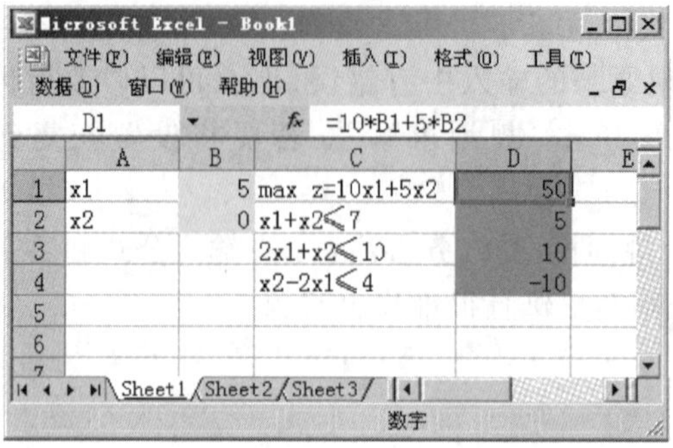

图 5-4

当 $x_1 = 5$, $x_2 = 0$ 时,目标函数 $Z = 10x_1 + 5x_2$ 取得最大值 50 .

【技能训练与自我检测】

技能训练与自我检测题 5.4

1. 利用 Excel 软件求解下列各线性规划问题:

（1）
$$\max Z = -2x_1 + 3x_2 - 6x_3,$$

满足
$$\begin{cases} 3x_1 - 4x_2 - 6x_3 \leqslant 12, \\ 2x_1 + x_2 + 2x_3 \geqslant 11, \\ x_1 + 3x_2 - 2x_3 \leqslant 5, \\ x_1, x_2, x_3 \geqslant 0. \end{cases}$$

（2）
$$\min Z = 2x_1 + 3x_2 + 5x_3 + 6x_4,$$

满足
$$\begin{cases} x_1 + 2x_2 + 3x_3 + x_4 \geqslant 2, \\ -2x_1 + x_2 - x_3 + 3x_4 \leqslant -3, \\ x_j \geqslant 0, j = 1,2,3,4. \end{cases}$$

（3）
$$\max Z = x_1 + 2x_2,$$

满足
$$\begin{cases} 2x_1 + 5x_2 \leqslant 15, \\ 2x_1 - 2x_2 \leqslant 5, \\ x_j \geqslant 0, j = 1,2. \end{cases}$$

(4)
$$\max Z = 3x_1 + x_2 + 5x_3,$$

满足
$$\begin{cases} 6x_1 + 3x_2 + 5x_3 \leqslant 45, \\ 3x_1 + 4x_2 + 5x_3 \leqslant 100, \\ x_j \geqslant 0, j = 1,2,3. \end{cases}$$

2. 利用 Excel 软件求解 5.1 节技能训练与自我检测中各线性规划问题.

5.5　线性规划问题的应用举例

【帮你读书】

1. 线性规划是应用很广泛的数学工具之一,但是要能熟练灵活地应用到生产实际中,必须要有丰富的经验,灵活的技巧和扎实的数学基础.要建立一个繁简适当,又与实际问题比较一致的数学模型,这不是一项简单的工作.本教材中所列举六个案例,只是许许多多的实际问题中简单的几个,通过这些案例,可以初步认识到线性规划问题与我们的生活、生产的联系是非常紧密的.

2. 线性规划可以根据问题的种类分类,如运输问题(案例 5)等;可以根据对解的要求分类,如整数规划(案例 6)等,像运输问题和整数规划这类问题都有专门的方法求解,当然也可用专门软件求解,如 Excel 中的"规划求解"功能.

3. 建立线性规划模型,首要的是要从问题中选择合适的决策变量,这样才能使问题易于建立清晰的约束条件,从而便于求解.

【教材疑难解惑】

1. 案例 5 中,为什么要设这么多变量?

解答　因为调运方案中,必须要清楚产地到销地的运量,才能确定出总运价,所以要对每一个出发地和每一个到达地,进行一一组合,并将全部可能情况设为决策变量.

2. 案例 6 中,为什么要先对各种截法进行穷举,然后按穷举的每一种截法设置决策变量?

解答　因为不同的截法所得的不同规格材料数不一样(在保证余料不浪费的情况下),所以我们必须穷举所有截法.

3. 案例 6 中,为什么不对决策变量进行整数的限制要求?

解答　本案例中,由于钢管不能取小数,因此决策变量应该有取整数的要求,但本例在数据上比较特别,所得解本身就是整数解,故我们没有对决策变量进行整数的限制要求.一般情况下,是要加上这个条件的.

【典型问题释疑】

问题 1　运输问题中如何设决策变量?

解答   由于运输问题中,所要设的决策变量很多,通常我们用双下标的方法,即 x_{ij}, i 取产出地, j 取输入地.

问题 2   如何有效地建立线性规划模型?

解答   模型的建立取决于对问题的分析是否清楚,为了能有效地分析问题,我们通常将问题用表格或流程图进行表示,约束条件按要求分类列出.

【教材部分习题解析】

习 题 5.5

4. 要从甲城调出蔬菜 2 000 吨,从乙城调出蔬菜 1 100 吨;分别供应 A 地 1 800 吨,B 地 1 100 吨,C 地 200 吨. 已知每吨运费如表 5-4 所示,如何调派使运费最省?

表 5-4

调出单位	供应单位(每吨运费)		
	A 地	B 地	C 地
甲城	21	25	7
乙城	51	51	37

解答   设

x_1 为从甲城运到 A 地的运量,

x_2 为从甲城运到 B 地的运量,

x_3 为从甲城运到 C 地的运量,

y_1 为从乙城运到 A 地的运量,

y_2 为从乙城运到 B 地的运量,

y_3 为从乙城运到 C 地的运量.

根据表中给出的条件,建立线性规划模型如下:

$$\min Z = 21x_1 + 25x_2 + 7x_3 + 51y_1 + 51y_2 + 37y_3,$$

满足

$$\begin{cases} x_1 + x_2 + x_3 = 2\,000, \\ y_1 + y_2 + y_3 = 1\,100, \\ x_1 + y_1 = 1\,800, \\ x_2 + y_2 = 1\,100, \\ x_3 + y_3 = 200, \\ x_j \geqslant 0, j = 1,2,3, \\ y_j \geqslant 0, j = 1,2,3. \end{cases}$$

利用 Excel 软件求解(请读者完成),结果为 $x_1 = 1\,800$, $x_2 = 0$, $x_3 = 200$, $y_1 = 0$, $y_2 = 1\,100$, $y_3 = 0$,总运费最少为 95 300 元.

【技能训练与自我检测】

技能训练与自我检测题 5.5

1. 某汽车运输公司有资金 50 万元可用于扩大车队, 有 4 种车可供选择, 每辆车的成本及每季收入如表 5-5 所列.

表 5-5

车辆种类	成本 (元/辆)	收入 (元)
卡车	9 000	-12 000 (支出)
四轮有盖拖车	8 000	29 500
串联式拖车 (每辆卡车拖 2 辆)	6 000	16 000
四轮无盖拖车	5 000	12 000

可驾驶新卡车的司机只有 30 人. 该公司对新增车辆的维修能力如下: 若只修卡车, 可修 50 辆, 1 辆卡车的维修时间 3 倍于四轮有盖拖车或串联式拖车, 4 倍于四轮无盖拖车. 又要求卡车辆数与拖车组数之比最小为 4:3.

问该公司怎样使用资金使每季度收入最大? 要求建立此问题的线性规划模型.

2. 某工厂生产并出售一种用 2 单位 A 和 1 单位 B 混合成的成品, 市场无限制. A 和 B 可以在该工厂的三个车间中的任一个车间生产, 每单位的 A 和 B 在各车间消耗的工时如表 5-6.

表 5-6

	车间 1	车间 2	车间 3
A	2	1	1.5
B	1	2	1.5
可用工时	100	120	100

要求建立使成品数量最大的线性规划模型.

章复习问题

1. 什么是可行域？什么是可行解？什么是最优解？
2. 什么是线性规划的标准型？怎样化成标准型？
3. 表格法中的检验数的计算公式是什么？比值的计算公式是什么？
4. 表格法中换出变量和换入变量的确定标准是什么？
5. 请叙述用表格法解线性规划问题的步骤.
6. 请叙述建立线性规划问题的一般步骤.

章自我检测题

第 5 章检测题

A　　　组

1. 画出下列不等式所表示的平面区域：（每小题 10 分，共 20 分）

（1）$x-2y<4$.

（2）$3x+2y\geqslant 6$.

2. 画出下列由不等式组所确定的平面区域：（每小题 10 分，共 20 分）

（1）$\begin{cases} x+3y\leqslant 9, \\ x-y\geqslant -1, \\ x\geqslant 0,y\geqslant 0. \end{cases}$

（2）$\begin{cases} 2x+y\geqslant 5, \\ x-y\leqslant 1, \\ y-2x\leqslant 6. \end{cases}$

3. 用图像法解下列线性规划问题：（每小题 10 分，共 20 分）

（1）$\max Z=6x+y$,

满足 $\begin{cases} x+3y\leqslant 9, \\ x-y\geqslant -1, \\ x\geqslant 0,y\geqslant 0. \end{cases}$

（2）$\min Z=3x+4y$,

满足 $\begin{cases} 2x+y\geqslant 5, \\ x-y\leqslant 1, \\ y-2x\leqslant 6, \\ x\geqslant 0,y\geqslant 0. \end{cases}$

4. 用表格法解下列线性问题：（每小题 10 分,共 20 分）

（1）$\max Z = x_1 + 2x_2 + x_3$,

满足 $\begin{cases} 4x_1 + x_2 + 2x_3 \leqslant 8, \\ 2x_1 + x_2 + 2x_3 \leqslant 10, \\ x_j \geqslant 0, j = 1, 2, 3. \end{cases}$

（2）$\max Z = 10x_1 + 6x_2$,

满足 $\begin{cases} x_1 + x_2 \leqslant 7, \\ 2x_1 + x_2 \leqslant 10, \\ -2x_1 + x_2 \leqslant 4, \\ x_1 \geqslant 0, x_2 \geqslant 0. \end{cases}$

5. 某班级有 35 名同学,下周他们要组织一次义务植树活动. 已知植树分三个步骤：挖坑、种树、浇水. 已知如果一位同学只安排挖坑,则他最多能挖 6 个坑,如果只安排他种树,他可以种 18 棵树,而只安排他浇水,他可浇 56 棵树.现在每位同学只安排一项工作,问如何安排才能植树最多？试建立线性规划模型.（共 20 分）

B 组（附加题 10 分）

某公司有 20 万元可用于投资,投资方案有如下 3 种,对每种方案的投资不受限制.

方案 A:5 年内每年都可投资,在年初投资 1 万元,3 年后可收回 1.3 元;

方案 B：只在第 1 年年初有一次投资机会,每投资 1 万元,4 年后可收回 1.4 万元;

方案 C：只在第 2 年年初有一次投资机会,每投资 1 万元,4 年后可收回 1.7 万元;

此外,每年年初若将 1 万元资金存入银行,年末可收回 1.06 万元. 投资所得的收益及银行利息也可用于再投资. 要求建立线性规划模型,使公司在第 5 年末收回的资金最多.

郑重声明

高等教育出版社依法对本书享有专有出版权。任何未经许可的复制、销售行为均违反《中华人民共和国著作权法》，其行为人将承担相应的民事责任和行政责任；构成犯罪的，将被依法追究刑事责任。为了维护市场秩序，保护读者的合法权益，避免读者误用盗版书造成不良后果，我社将配合行政执法部门和司法机关对违法犯罪的单位和个人进行严厉打击。社会各界人士如发现上述侵权行为，希望及时举报，本社将奖励举报有功人员。

反盗版举报电话　（010）58581999　58582371　58582488

反盗版举报传真　（010）82086060

反盗版举报邮箱　dd@hep.com.cn

通信地址　北京市西城区德外大街4号

　　　　　高等教育出版社法律事务与版权管理部

邮政编码　100120

防伪查询说明

用户购书后刮开封底防伪涂层，利用手机微信等软件扫描二维码，会跳转至防伪查询网页，获得所购图书详细信息。也可将防伪二维码下的20位密码按从左到右、从上到下的顺序发送短信至106695881280，免费查询所购图书真伪。

反盗版短信举报

编辑短信"JB,图书名称,出版社,购买地点"发送至10669588128

防伪客服电话

（010）58582300

学习卡账号使用说明

一、注册/登录

访问http://abook.hep.com.cn/sve，点击"注册"，在注册页面输入用户名、密码及常用的邮箱进行注册。已注册的用户直接输入用户名和密码登录即可进入"我的课程"页面。

二、课程绑定

点击"我的课程"页面右上方"绑定课程"，正确输入教材封底防伪标签上的20位密码，点击"确定"完成课程绑定。

三、访问课程

在"正在学习"列表中选择已绑定的课程，点击"进入课程"即可浏览或下载与本书配套的课程资源。刚绑定的课程请在"申请学习"列表中选择相应课程并点击"进入课程"。

如有账号问题，请发邮件至：4a_admin_zz@pub.hep.cn。